AQUARIUS

AQUARIUS

AQUARIUS

AQUARIUS

Vision

一些人物，
一些視野，
一些觀點，
與一個全新的遠景！

火來了　快跑

大師兄——著

火來了，快跑

一路好走推薦

（依姓名筆劃順序排列）

NeKo 嗚喵（說書 YouTuber）

「爸！看到火要跑喔！」只要送過親人去火葬場的，應該都有喊過這句話。我一直不太理解為什麼要跑呢？難道靈魂不是應該站在我們身邊，看著自己的肉身被送進去火堆嗎？

對於祭拜往生者的種種行為，有時候我覺得只是生者的自我安慰。既然是一種自我安慰，何不留在自己心裡就好？又何必要宣告天下，讓大家都知道呢？

我爸走了好些年，這幾年我去看他，不只是上香，還會順便替他點一根菸，謹記著他當年教我的：「要先吸一口，才能讓菸點著。」他是這樣拜他爸爸的，於是我也這樣拜他。這世界上能讓我吸二手菸長大，進而吸到一手菸的人，就只有他了。

大師兄寫出了各種光怪陸離的最後一程，何嘗不是家屬們最後一點思念的方式。他的文字，讓我更珍惜和身邊每個人相處的時刻。別等到人走了，再用傷害自己的方式思念他。

林立書（導演）

不論是冰庫還是火葬場，大師兄果然是大師兄，不改其常溫物種的心境，上演著妙筆生花的冰與火之歌。喜歡大師兄有畫面的生動描述、有觀察的職場細節、有同理的個案投射。

母親走的時候，我瞞著所有人放了一串佛珠在福祿壽箱內，一直擔心材質問題化不透，不知道她能不能收到？原來，是這個二十幾年的掛念，讓我現在還能清楚地記住母親美麗慈藹的面容。

《火來了，快跑！》經過大師兄每日一詞的教學活用，可以是形容詞、名詞或是動詞。不論是怎麼用，這些深刻的生活體悟，大師兄明明寫來莞薾、精采，只是，我為什麼會哭呢？

范逸臣（「你好，我是接體員」音樂劇飾大師兄）

接體員是一種很特別的工作，平時會送行死者的大體；也同時送行生者的心情。每天在殯儀館看著不同的人在送行跟被送行，也看到不同的人的遺憾、為難持續發生。還會在不同的接體場合，看到各種不同的死狀。能讓一個人安然地被送最後一程，是偉大的、是可敬的！各位接體員，你們辛苦了。

謝念祖（「全民大劇團」團長）

人總是想為親人多做些什麼，看了大師兄的作品，常常會讓「人」對於與家人、好友的關係有更多思考。人到了最後，到底有什麼好爭的，到底有什麼好在意的。非常喜歡大師兄的黑色幽默，總讓人在悲傷的氣氛中，最後又忍不住笑出來。人生事本來就是十之八九不如意，但是大師兄總能帶我們從另外一個角度看人生。如果你最近很不順，看看這本書，你會覺得你的人生其實還不錯！

【推薦文】

全新的故事，更深的體悟

「小冬瓜」郭憲鴻（冬瓜禮儀有限公司／單程旅行社社長）

正當我以為大師兄差不多把所有精采能說的故事都說完，沒想到他竟然帶著全新的領域回歸。以一個火葬場的工作人員、真正意義上的「送行者」姿態，帶著更多的故事回來了。

如果說殯葬業具有封閉且神祕的色彩，那麼，火葬場的日常，又是更難以碰觸到的領域了。許多人對火葬場充滿著好奇與恐懼。即使是我們因著工作機緣，而有更多機會接觸火葬場，也從來沒機會跟火葬場的工作人員聊聊、聽聽他們的故事。

隨著大師兄的帶領，我們得以一窺火葬場的神祕面紗，看見平常看不見的眾生相。這本書，滿足了我許多的好奇心，也有很多對於人性的新的啟發與體悟。大師兄的筆觸，總是充滿著對人性的關注與熱情。很多時候都會有「啊！原來還有這個觀點啊！」的感悟。

當然，這些揭露對業界來說，不全然都是業內人士所樂見的，大師兄因此得承受一些負面的評論，工作上的阻力一定也不小。相信大師兄也是頂著很大的壓力，才完成這本書的。

我曾經問過大師兄，是什麼動力，讓他願意承受這些壓力，持續創作。他說道：「我一直想告訴大家，死亡沒有那麼可怕，要好好揮別，往前。人們如果可以正向面對、好好處理這件事情，那就可以選擇用自己想要的方式告別。」若不是有大師兄這樣的傻子，我們怎有機會透過故事，反思自己生命的價值。

最後想對大師兄說，謝謝你讓火化這件事情變得溫暖。以前我也很害怕火葬場。現在只要一想到，火葬場有大師兄在，我就覺得……嗯，可以喔！

祝福我們兩個離開的時候，都會覺得這輩子玩得很過癮！

一路好走推薦　008
【推薦文】全新的故事，更深的體悟　文◎「小冬瓜」郭憲鴻　011
【開始告別】那些年，我們一起接的大德　017

第一章　火來了，快跑

換不掉的老闆　024
留下來的——人到最後，可以帶走什麼呢？　026
一路好走——希望下輩子，你可以決定自己的人生。　032
流星——什麼都還來不及參與的小小生命啊。　040
暗號　044
棺材——不只是容器，更承載了思念與祝福。　047
火來了，快跑——對所愛的人，聲嘶力竭的最後叮嚀。　053

目錄

三叩首——假如可以選擇父母…… 058

新人 062

裝罐——在火葬場，快不是王道，細心才是。 067

罐子——逝去的那位，最愛的東西。 070

頭——有的亡者，真的沒有頭！ 075

不專業的溫柔 081

照片——終究，他還是活在我心中。 085

神眼——一把火，把一個家族燒成四分五裂。 093

五百萬——手足為此決裂，五百萬算多嗎？ 098

一人一半——要把媽媽上下分？還是左右分呢？ 103

觀音座——媽寶是一輩子的。 108

屍骨未寒——人辛苦一生，為了什麼？ 112

服務業——專業代辦，代客送行。 118

拔牙 122

善緣——把恩人裝進罐子裡，也把討厭的人裝進罐子裡。 124

旁觀者——躺在遠遠的棺木裡面，似乎一切都跟她沒了關係。 129

白膠——封了罐，就再也不會打開了。 134

鈴鐺——有時候一個人走了，是可以替他、也替自己感到開心的。 139

燒個夢想——燒的是一段段的遺憾？還是贖罪券？ 144

公平的樣子 151

敲破——到底是要敲破罐子？還是敲破約束？ 156

放手——喪禮的目的，始終是要撫慰人心的。 160

直撿——直接撿骨，沒有家屬，孤單地走。 166

家——寂寞，比死可怕。 170

回家吧——生容易，活容易，但生活實在太不容易。 175

外帶——哥外帶的，是身為燒烤工作者的驕傲。 179

硬頸 184

第二章 冰的世界

大胖 188

小長老——那被冰得乾乾扁扁的小小身體呀。 194

小氣鬼舅舅——其實舅舅不是小氣，是沒錢。 202

兄弟——你知道嗎？有些事情一旦錯過，就來不及了。 207

孩子——你知道自己是什麼時候變成大人的嗎？ 212

目錄

冰凍 M&M's——故事是從殯儀館冰庫的 M&M's 巧克力開始的…… 218
離職——原來我的書和廢文，能給人勇氣！ 223
隔壁同學——趁著愛我的人、我愛的人還在的時候，及時行愛。 228
忙——再見，是一個很沉重的承諾。 233
外婆——珍惜你現在所擁有的。 240
斜槓葬儀社 246
【不說再見】**真金不怕火煉** 253

【開始告別】
那些年，我們一起接的大德

人生，總是充滿著意外。因為我每天上班，都要去接各路的遺體。

曾經我以身為一個冰庫管理員為榮，每天快快樂樂地上班，守著每個人最後都會躺進去的冰庫，在可以探視的時間裡，幫家屬打開那個屍袋，別過頭，靜靜地聽著家屬發洩情緒。我們低頭不語，卻又在用心傾聽。感受那種思念，那種後悔，那聲平常說不出口的道歉，那份一直沒能實現的遺憾。

感受著他們的人生，也感受著自己的人生。

路倒的，冷死的，熱死的，餓死的，自殺的，意外的，無名的，有名無主的……當警察或是社會局的電話一來，我們開著T5，去到各式各樣想像不到的現場，聞著那股味道，感受著亡者人生最後的場景，把他們帶去人生最後可以休息的地方。或許會有家屬突然出現處理，又或許在我們的冰庫裡，變成不知何時才能火化的長老。但是不要難過，我們都會陪你們！

我熱愛這份工作，我熱愛這種氛圍。所以我常常說：「假如可以，這是我好想做一輩子的工作！」

某天早上，我開開心心地買了早餐去上班。那天要開一場大約三個月一次的會議。

開完之後，我就從冰庫被調到了火葬場。

回到辦公室，同事老宅和老大看著我，給了我一些關於火葬場的建議。他們知道我很怕熱，因為我在冰庫上班的這幾年都穿短袖。也知道我沒有去過火葬場，叫我要好好注意，口罩要戴好，那邊的空氣很糟糕。

一時間，我有點失落、有點生氣、有點難過，也有點茫然。

人生似乎就是這樣，只要你還在職場一天，就沒有選擇戰場的權利。

難過沒多久，電話響了，警察局打過來的。某個湖邊，有一位被撈起來的大德。

我和老宅準備了一下就出發。

雖然天天跟著老宅說幹話，但我們是一起入行的，我早已把他當作長輩看待。一路上，他給我各種叮嚀，真的令我很感動。我想像平常那樣說些笑話，但是連我自己都笑不出來，一路上除了沉默，還是沉默。

到了現場，警察指著湖旁的一大塊空地，告訴我們遺體的位置。是一個男生，身體幾乎泡爛了，自綁手腳，很有必死的決心。

老宅在一旁鋪屍袋，笑著對我說：「多聞幾口吧，以後你要到現場很難了。」

我笑了笑，看著泡水的先生，心想：「很辛苦吧。人生很辛苦吧！為什麼想結束生命？你的人生是你選擇過才結束的嗎？或是你在這社會根本沒有選擇的權利，才用這種方式結束？」

我看著糊掉的眼球，但是，眼球的主人沒有回答我。

我一邊做事、一邊思考……

其實，是我太熱愛這份工作了吧，才沒辦法接受改變。但是，人生總是要學會妥協。要是我今天改變自己，多學點東西，我的人生，是否可以變得不一樣？我看到的，是否會變得不一樣？

將泡水的先生裝入屍袋後，我再看看他的眼睛，似乎有了答案。

「改變吧！試試看吧！」老宅突然大聲說，嚇了我一大跳。「人生很短，每個人都在體驗生活。去多學一點吧！」

回去的路上，我沉默不語，但是心中有了決定。

或許工作內容，我沒有辦法選擇，但是工作態度可以由我決定。我一定要當一個快樂的火葬場人員！

●●●

回到公司後，我們將大德送進了冰庫。

看著老宅、看著老大、看著這位大德……我突然覺得自己應該要感激。

被我們服務的往生者，他們連選擇的權利都沒有，那我這點挫折又算得了什麼呢？俗話說得好，不經一番寒徹骨，焉得……啊完全不對，我去的地方既不是寒徹骨，也沒有撲鼻香。

反正，做下去就對了！

再見了，那一段打開屍袋，觀察人生百態的時光。再見了，那輛陪我上山下海，側邊還被我撞凹一塊的T５。再見了，每一位在驗屍室外面跟我閒聊的家屬。

再見了，這個徹頭徹尾改變了我人生的地方。

我會懷念那些年，我們一起接的大德！

第一章

火來了，快跑

火來了，快跑

換不掉的老闆

火葬場，拜誰？

這天，我即將離開冰庫，到火葬場報到，所以一早去冰庫點炷香，跟「小老闆」地藏王再見一下。

「小老闆祢好，感謝祢這幾年的照顧。我現在要去火葬場啦！雖然我平常沒什麼在拜祢，這是我來冰庫後給祢的第六炷香，但還是要跟祢說聲謝謝。我們總有一天會再相會的。」

拜完之後，我打包好東西，就往火葬場移動。

到了火葬場，突然間我變成最菜的。除了老前輩，另外有幾個比我晚進公司、但早已在火葬場工作的，我都要叫「學長」。帶我的兩個學長，我都很熟，一個是老朋友老林，另外一個我稱他為「帥學長」。為什麼這樣稱呼他呢？因為我要生存呀……

老林一看到我，就笑咪咪地對我說：「來，我帶你認識環境，順便拜一下我們的小老闆。」

我問：「火葬場拜誰？」

老林回：「地藏王。」

我拿著香站在火葬場的「小老闆」面前，尷尬得不知道要跟祂說什麼，最後只好說：「老大，對不起，我不知道祢管那麼寬。以後我會多多來上香的。以前的事情不要介意呀，以後請多多關照。」

原來不管在殯儀館的職務怎麼調動，還是有位「老闆」永遠都在我們身旁呀！

留下來的

人到最後，可以帶走什麼呢？

當我在冰庫工作的時候，覺得冰庫很陰，常常有怪風。

每當跟家屬說：「棺木裡面不能亂放東西喔。」總是會有一些人很「理解」我們的苦衷，而且絕對不「亂放」東西。

「我知道啦，我不會亂放。我知道我爸沒病沒痛了啦！但是這個助聽器跟了他那麼多年，要是今天不放入棺木裡，他聽不到我們說『火來了快跑』，怎麼辦呢？」

「我理解你們的難處，我絕對不會亂放。可是我老爸生前最愛看的就是『包青天』，我陪他看到都會背台詞了，他還是每天看，看得津津有味。但是，自從他生病臥床後，就再也沒看過了。這全套的包青天ＤＶＤ放在我家也是觸景傷情……真的不能跟他一起燒過去嗎？」

「亂放？我怎麼會亂放?!這套真皮的衣服是我老爸從年輕就留著的。當年他把我媽全靠這套。沒有這套衣服，就沒有我們這些小孩。我們可是要放進去，讓他在下面跟老媽相認的！這叫亂燒？」

每當聽到這些話，殯儀館就有陣怪風吹起，颳得我們工作人員睜不開眼。等到風停了，那些待入殮的棺木就蓋起來了。真的好可怕。

說家屬們孝順嘛，其實滿感人的啦。說他們破壞規定嘛……其實有些東西燒了，根本不環保。

唉，但是這種事真的很難制止。

到了火葬場，那才叫精采，棺木裡放了什麼東西，每一次都像是開福袋一樣：手錶、項鍊、玉鐲、戒指，這些基本款飾品是每天都有。國旗、心律調節器、人工關節、枴杖，這些老人款也很多。球鞋、樂器、娃娃、漫畫書，屬於年輕人款：奶瓶、小玩具……這些不提也罷。

但這些都是他們想帶走的？

或是在世的人希望他們拿走的呢？

曾經在火化爐後台控爐的時候，突然聞到一股氣味，我就對學長說：「學長，我一定是餓壞了，怎麼聞到巧克力的味道！」

學長說：「我也聞到了欸。到底是誰在棺木裡面放巧克力呀？」

打聽之下，葬儀社的人告訴我們，亡者因為生前生病，不能吃太多甜食，家屬很希望讓他帶很多甜食離開，所以就塞進了棺木裡……

曾經在撿骨的時候，我發現一枚戒指，就在裝罐子時，拿給往生者的老公看。雖然火葬場有「夫妻不相送」的禁忌，但是不守的人還是有。堅持來送太太的丈夫一看到戒指，眼淚就潰堤了。

「我們結婚的時候，不是說好要一直戴在手上，誰都不要先拿下來的嗎？為什麼現在它不在你手上了呢？」

陪他一起擦眼淚的時候，我才知道雞婆不是好事。

曾經在撿骨的時候，我發現燒完的棺木裡，有個奇怪的東西，問學長：「為啥這個心導管的造型跟衣架一樣呀？」

學長一看，說：「這個就是衣架呀！」

我問：「那為啥要在棺木裡面放衣架呢？」

學長抓抓頭，回說：「我也沒遇過，不知道是啥意思。」

我看了看往生者的姓名：女性，老人家，冠夫姓。有了個想法，對學長說：「衣架，依嫁……是不是這位女士在年輕時，不是依她所想要的嫁，可能是相親或是被父母許配給人的，所以放一個衣架，希望下輩子可以依她的意思嫁呀。」

學長張大口讚嘆：「怪不得你每天都可以寫那些亂七八糟的。講起來很唬人，仔細想想又有點道理欸。等一下禮儀師來了，我問問他好了。」

不久，禮儀師帶著家屬來撿骨。我們問他：「裡面為什麼放個衣架？」

禮儀師說：「不好意思、不好意思。這個哦，衣服放進去，衣架忘了拿出來。不好意思，下次不會了啦！」

學長看著也是一臉不好意思的我，說：「吼！我還真的相信你！」

看到熊熊大火裡有手錶，我在想是不是燒到網紅「勞力士男」朱一旦。

看到熊熊大火裡有眼鏡，我在想是不是燒到漫畫《銀魂》的志村新八。

看到裡面有排球，我想喊電影《浩劫重生》的威爾森！

看到裡面有吉他，我腦中浮現「吉他之神」克萊普頓的旋律。

棺木裡面放些什麼？往生的人能收到嗎？這些不重要。

重要的是，活下來的人覺得釋懷，覺得沒有遺憾就好。

至於燒出來有沒有毒，會不會爆炸。**沒關係的。**
這是火葬場技工的事情。
沒關係的。
真的沒關係的。

一路好走

希望下輩子，你可以決定自己的人生。

我在火葬場認識了一位「老學長」。他有點油，擅長占學弟的便宜，常常惹大家生氣。

但我不是很在意，因為他去年剛從鬼門關回來。

我還在冰庫工作的時候，就曾聽聞這位學長生病了，需要休息一段時間。據說是癌症。

在得癌症之前，他是菸不離身、檳榔不離口，天天下班就喝酒。那時，我和他沒有多大交集，就只知道火葬場有這麼一個人，很愛占人便宜。

某天，我看到回來上班的他——我的天呀！他整整瘦了一大圈，鼻子上插著一根鼻胃管。看到我，他笑了笑，說他回來上班了。

雖然看著他插鼻胃管，我還是忍不住給他一支菸。但他笑著對我說：「都戒了。我製造唾液的器官被切掉，沒有口水了。那些壞習慣都沒有了。」

我聽了，自己點上菸，吐了一口煙。他又對我說：「我看你呀也把菸戒了。化療不好受啊。」他說著摸摸頭，再攤開摸過頭的手給我看，手上有不少落髮。

我看了只對他笑笑，繼續抽我的菸。他苦笑著搖搖頭。

「大哥，你插著鼻胃管還上班，不會太辛苦嗎？」我忍不住問。

「沒辦法呀。我的病假請完了，不上班，我吃風啊？好不容易拚到剩幾年就退休了，怎麼可以現在就不做呢。」

我聽了搖搖頭。這就是生活，只能靠自己，沒人可以幫你的。

當我轉到火葬場，老學長的鼻胃管已經拆了。而開始和他一起工作之後，我深深體會到他真的很會占人便宜！或許是倚老賣老，或許只是想有多一點時間休息，總之，還滿會「躲」的。

不過，他有一項很厲害的才能——他包骨灰罐，包得非常漂亮。所以我沒事就去找他學這個技巧。

●●●

某天，輪到我和他一起負責裝罐子。我們裝罐子是這樣的：你裝一個、我裝一個地輪流。

明明是輪到他，他卻突然把我叫進去。我心想這個老頭該不會又想偷懶，叫我裝罐吧。

桌上擺了兩份骨灰，兩個罐子。從照片看來，一位是大約三十歲出頭的女性，另一位是小女孩，似乎不滿十歲，照片中的她笑起來非常可愛。

老學長指指小女生的罐子，對我說：「小胖，這個小女生給你裝。我裝她媽媽。」我聽了點點頭，拿起骨頭，準備裝進骨灰罐裡，老學長熟悉的罵聲卻傳了過來。

「跟你說過多少次！裝罐之前，雙手合十，對往生者說：『○○○，我現在要幫你裝罐，希望你一路好走。』你都沒在聽！」

我笑了笑。不是我不尊重往生者，而是在想，這樣講，他們真的聽得到嗎？我是不大相信的。但是學長交代了，我還是照做。

家屬似乎是那個母親的手足，簽完名之後，就往外走。葬儀社大哥等他們離開後，和我聊起這個案子的情況。

「好可憐呀，單親媽媽受不了生活的壓力，抱著女兒燒炭。媽媽很年輕，孩子又還小，唉！債務纏身，加上不景氣，她失業很久了，常常向親戚借錢。親戚不是不借，但是用借的，她能夠活多久呢？唉……那些走出去的親戚不是不看她，是捨不得看呀。也不是在她生前不幫忙，是自身難保。」

在殯儀館工作幾年了，剛開始聽到這樣的故事好驚訝，但現在卻覺得見怪不怪，至少我以為自己是這樣。

我邊裝著骨灰，邊看著小女孩的相片。妹妹長得很可愛。

從少量的骨頭來看，她應該很矮吧。

從骨頭潔白的程度來看，她生前應該很健康吧。

將她的牙齒一顆、一顆地從上下顎拔下來，她應該很愛刷牙吧。

看著看著……

奇怪，我怎麼哭了？

這明明是很常見的事情呀。媽媽照顧不了年紀小的女兒，帶著她一起走，這樣小朋友就不用獨自活著受苦。小朋友現在沒病痛了，也不用為生活煩惱，不是很不錯嗎？……

只是，我為什麼會哭呢？

●●●

包好罐子之後，我看看身旁的學長。平常動作很快的他，這次慢慢地包，似乎在想什麼。

突然，他開口問我：「小胖，你覺不覺得，其實媽媽不能決定小孩的死活。小朋友要不要活下去，應該是由她自己決定。」

我呆了一下，說：「其實我覺得這樣帶女兒一起走，也是身為人母想負責的一部分吧。不然，這麼小的孩子獨自活著，會不會太辛苦？」

「辛不辛苦，要不要活著，這是自己的決定。沒有人可以替你做這件事情！絕對沒有人！」

我看著學長說話時，嘴唇旁出現白色泡泡，這是他沒有唾液的後遺症之一。

我突然想著：他不抽菸了、不喝酒了、不吃檳榔了，這樣辛苦地活著，是為了什麼？

老學長繼續說：「我現在這樣努力活著，就是為了我的家人。要是我走了，他們怎麼辦？以前我不會想，現在我想清楚了，每個人活著都有目的、都有使命的。只要我還活著，就要賺錢回家養他們。所以我很不喜歡不努力活著的人，尤其是還帶著家人走掉的！」

是呀，到底誰可以決定別人的人生？到底誰可以決定別人能不能活下去？過得辛不辛苦、能不能繼續活下去，為什麼是讓其他人決定呢？活著的目標是什麼，是不是該由自己決定呢？

這些問題，到底有沒有答案呢？

●●●

老學長包完骨灰罐之後，罕見地沒有向母親拜一下，說「一路好走」，就直接走了出去。

而我不知為何，向小妹妹拜了一拜，對她說：「一路好走。」或許我心中隱隱這麼希望吧。

突然想起，在冰庫的時候，也曾經收到一大一小，媽媽帶著小朋友燒炭。小朋友的棺木裡面，放滿了課本和參考書。我笑著對禮儀師說：「要是我在這個年紀走了，棺木裡面都是參考書的話，我一定坐起來，掐死你們！」

但禮儀師不跟我開玩笑，只是緩緩地說：「我們幫這個弟弟整理遺物的時候，看到他的課本和一堆參考書。他最大的願望就是努力讀書，改變媽媽和他的生活。他知道媽媽很累，也知道媽媽有病，不能工作太久，所以他很努力。但是，還是被媽媽帶走了。這些東西燒過去給他，我覺得很好，他的同學與學校老師們也覺得很好。」

聽完之後，我沉默了。

「不要因為你的人生爛，就覺得孩子以後會跟你的一樣爛呀……」小孩子要從冰庫推出去之前，禮儀師對那個媽媽說。

身為單身漢的我，實在難以想像身為父母，到底要如何對待自己的孩子。

我只是有點疑惑：身為父母，真的有權力帶小孩子來這世界，又有權力帶小孩子離開嗎？

我不知道，只能祝他們一路好走，下輩子當一個可以決定自己人生的人吧！

流星

什麼都還來不及參與的小小生命啊。

當我第一次在後台控制火爐的時候，曾經問學長：「你覺得哪種遺體最難燒？」有人說是沒退冰的，有人說是打桶的（所謂打桶棺呀，就是有些人往生後，不冰存，直接入殮，在治喪十多天後才火化，而遺體在棺木裡腐敗並混著屍水，氣味相當不好聞）。但是當一個名詞說出來，大家都不約而同地點點頭，那就是——「嬰兒」。

相信大家也會跟我一樣好奇：為什麼嬰兒最難燒？不是小小一隻而已，為什麼會很難燒呢？

學長只是笑了笑，對我說：「當你遇到，你就會知道了。」

有天，一位學長到後台跟我說：「二號爐，小嬰兒，要撿骨。」

我聽了，傻乎乎地看著他。

他慢慢地走向我，說：「我燒一次給你看，你好好學吧。」

透過後台的檢視孔，看見小小的棺木緩緩進來。當火噴出，我靜靜地看著棺木上的火苗越來越大，越來越大。

等到棺木完全燃燒起來後，學長把火停掉，對我說：「剩下的讓他自己燒吧。」

我問學長：「這樣不是要燒很久嗎？」

學長回：「假如出火孔的火太大，小朋友的骨頭會被吹散，到時候家屬沒東西好撿，你就知道尷尬了。讓他慢慢燒吧。記得要看好，不要連骨頭不見了都不知道。」

我點點頭，繼續看著檢視孔。

我們在後台，一次不是只顧一台，而是得同時顧許多台。由於這台比較特別，太小了，真的太小了，也怕若燒出來沒東西，不好向家屬交代，必須花更多時間看顧，所以才很難燒。

透過小小的檢視孔看出去，棺木隨著大火，慢慢破開，裡面出現已經成了一團黑黑小小的肉，被烈火包圍，就像流星一樣。

這麼快地來到人世間，又這麼快地消失。

看著他絢爛，替他感到開心；又看著他消失，替他感到難過。是如此讓人想抓住，卻又永遠抓不住。

該說他來過嗎？又該說他沒來過嗎？

望著火爐裡的那個小黑點越來越小，不知為何，我的眼眶有點濕潤。

或許有些人覺得很矯情，也或許有些人覺得也太愛哭了吧。但有時候，我會情不自禁地為那來不及長大的小生命，感到惋惜。

沒機會享受親情。沒機會認識朋友。沒機會享受美食。

沒機會談戀愛。

沒機會被情緒勒索。沒機會被朋友捅刀。

沒機會得糖尿病。

也沒機會遇到壞的對象。

人世間的好與壞，他都沒機會參與。

有人一百多歲被送進來。有人還沒活著跑出媽媽的肚子，就被送進來。既然現在有機會，為什麼不好好享受人生呢？好是一種體驗，壞也是一種體驗，享受吧！

我把內心的感受跟老學長說，他看著流淚的我，想了想，語重心長地告訴我：「你就算活著，也沒機會談戀愛，更沒機會遇到壞的對象呀。」

唉，所以我才哭得那麼慘呀……

●●●

我曾經問學長：「小嬰兒或是死胎很不好燒，是因為怕家屬沒東西撿。但是每個小嬰兒，都會有家屬來撿骨嗎？有沒有沒人來撿的？他們最後去了哪裡呢？」

老學長輕聲說：「有一天，當你遇到了，你就會知道。」

我希望，我永遠不會知道。

暗號

火來了，怎麼跑？

在火葬場上班，最常聽到的一句話就是「火來了，快跑」。等實際到這邊工作了才知道，原來這句話，不簡單。

要轉來這裡之前，有個熟識的業者笑說要給我一套專用的掃把和畚箕。那時，我還不曉得是要幹麼用的。

第一天上班時，對於新環境感到有點緊張，不知道自己該做什麼。這時，遇到一位同事大哥，我向他請教：「大哥，當初你剛來的時候，第一天做了什麼事？我現在要先做什麼好呢？」

大哥回答：「小胖，我告訴你，當年我來火葬場時，手上無時無刻都有掃把和畚箕。」說完，他點了支菸，回憶起當年。

我聽了覺得很感動。原來什麼都不會的時候，要努力做一些自己會的事情，讓別人看見自己的努力，自然有人會來教導你。

大哥抽完菸後，補了一句：「我發現沒有人會在意你的畚箕裡有沒有東西，大家都以為我在做事。當初我就是這樣混了好長一段時間呀……」然後繼續點支菸，回憶起當年。

過了不久，有位學長經過我們身邊，輕輕喊一聲：「火來了，快跑！」

我看了看四周沒有家屬，不禁納悶為什麼他要這麼喊。但是教我偷懶的大哥一聽到這句話，立馬丟掉菸頭，跑去搶了掃把和畚箕。

不到三分鐘，老闆來巡視，而我兩手空空。

火來了，快跑

老闆皺著眉頭對我說：「剛來這邊，要多努力。」
一旁的學長們突然變得很忙在掃地，而其他學長老早跑得不見人影。

啊，原來家屬喊「火來了，快跑」是叫親人快跑。
而同事喊「火來了，快跑」是說「老闆來了，快點跑」呀！
這天，我學會了什麼是暗號。

棺材

不只是容器，更承載了思念與祝福。

「棺材」，在大家眼中會產生什麼樣的連結呢？

曾經有段時間，我很膽小，或許是殭屍片看太多了，只要一想到棺材，自然而然，下一個畫面就是殭屍。

高中時，一位很疼愛我的阿姨得癌症走了。我們一家子一聽到這個消息，立刻趕回南部外婆家。那是我人生第一次「奔喪」。我一直覺得「奔」這個字用得很美。

當我們聽到這個消息，準備趕回去時，我妹還在想穿什麼衣服比較不失禮，被爸爸臭罵一頓。

「奔喪的意思，就是無論如何立刻要趕回去！」

直到現在，我還深深記得那時在趕回去的路上，心情多麼沉重。

回到外婆家後，我發現一件很悲哀的事情：我不敢看我阿姨。

很諷刺吧？單身一輩子，從小對我疼到大、過年都帶我買玩具，生病時牽著我的手，告訴我以後她不在了，我要好好保護外婆的阿姨——她過世了，我不敢看她。

我不為自己辯解。不是因為怕太難過，而是不敢看。

老爸強拉著我去看阿姨。那是放在鄉下家裡的一種移動式冰庫，裡面躺著一個女人，臉色蠟黃，眼睛半瞇半開，下巴放了一疊銀紙。後來我才知道，那疊銀紙是要讓她的下巴可以闔上。

但我只覺得害怕，連為她守夜都不敢。

直到大殮那一刻，阿姨的遺體被放入可怕的棺木裡，棺蓋準備要闔上時，我才驚覺：「要是再不多看她幾眼，等棺木蓋起來後，我就再也看不到她了！」

瞻仰遺容時，我一邊哭、一邊看。阿姨從未化過妝，而我第一次見她化妝，居然是她躺在棺木裡的時候。

這次，我不怕了，只有滿滿的難過。我哭倒在棺木旁，最後被我爸拉走。

「叫你看的時候不看。等到看最後一眼，你又看得拉不走！」

這句話一直在我心中存著。從此當看見棺木時，我只有滿滿的哀傷，而不見太多的恐懼。

●●●

在殯儀館，我看過各式各樣的棺木，有的非常名貴漂亮，有的簡單隆重，有的是幾片木板釘一釘。而最令我意外的，是一個死胎被放在一個小紙箱中。

到了火葬場之後，研究棺木變成我的興趣。第一次看到紙棺，覺得超酷的，用很厚的紙做成棺木，聽起來就很環保。

禮儀師卻在一旁冷冷地說：「等到下雨的時候，你就知道什麼叫環保了。」

啊，原來紙碰到水容易散呀！

第一次看到土葬棺，覺得超氣派的。就像在電影裡出現的那種大棺木，兩邊各有一個圓弧突出，看起來就很霸氣。

禮儀師卻在一旁冷冷地說：「等到叫你抬的時候，你就知道什麼叫霸氣了。」

啊，原來土葬棺那麼重呀！

●●●

某天在火葬場，看到一具白色棺木，上面寫滿了字，就像是以前學生時代要畢業時，大家在畢業紀念冊上寫的一樣：

一路順風

下輩子做個更快樂的人

來生再相見

各式各樣的祝福，不像「英年早逝」、「痛失英才」那種制式喪禮用詞，而是很口語化地直接寫在棺木上。真的很酷。

原來，往生者是一位老師。他生了重病，知道自己快要離開了，告訴學生們，希望願意來參加喪禮的同學，在他進火爐之前，可以給他一些祝福——就像是學生們離校的時候，他給他們的祝福。

看著這樣一副棺木被送進來，聽那一聲聲「老師，火來了，你快跑呀！」真的很感動。

有一次，來了一具好小的棺木，上面有蠟筆小新的圖案。

雖然有「白髮人不送黑髮人」的古禮，但是我聽到在火爐外面，有個堅強的爸爸喊著：「小佑，火來了，你要跑呀！不要怕，爸爸陪你，小新、小葵和小白也陪你喲。小佑，火來了，趕快跑呀！」

還有一具棺木上的圖，是一棵一棵的櫻花樹。火化爐外，子孫滿堂。子女請媽媽「火來了，快跑」，孫子喊著「阿嬤，火來了，快點跑」……

家人們用老母親最愛的櫻花樹，送她最後一程。

每一具棺材，有著不同的樣式，裝著離去的人們縮小的身軀，也載著親人、朋友們滿滿的思念與祝福，送進火化爐。

還沒來火葬場工作之前，我覺得在棺木上花這些心思很浪費。反正都要火化掉，一下子就沒了，弄那麼多花樣幹麼。

但，假如有一點點，一點點讓人感受到自己對於逝去的人可以做到更多，其實又有何不可呢？

畢竟棺木裡面那緩緩地被推進火化爐的，都是一生中最愛的人呀。

火來了，快跑

對所愛的人，聲嘶力竭的最後叮嚀。

這天早上，老學長一進辦公室就說有件事讓他覺得很頭痛。

「唉，我又被我老媽唸了。前幾天休假在家，卻覺得比上班還累。我老媽呀，九十多歲了，嗓門還很大，成天罵我罵到左右鄰居都知道。雖然她現在兩隻耳朵都聽不到、一隻眼睛看不見，但是嘴巴完全沒有退化，唸我的功力尤勝當年。有時候跟她吵架，我乾脆用寫的，但常常A事情還沒寫完，她早已罵到B事情。真是氣死了，完全無法溝通。」

我瞠目結舌。不能聽、不能看、可以罵，根本吵架無敵。

「過年時，我想帶她去看櫻花，但是我沒有車，只有摩托車。老媽就說我虐待她，她都九十多歲了，還騎摩托車帶她出門。唉！我也是一片孝心，卻變成這樣……」

我想了想自己的老媽，好像也不遑多讓，便問老學長：「那這麼多年來，你都是怎麼調適自己的？」

老學長聽了眼睛一亮，說：「這我就有經驗了。我呀，一直覺得我媽跟某議員一樣是『扶龍命格』，她越罵，我越旺。反正都是一家人，她那麼老了，又不能跟她分開住，那不如找個理由去習慣吧。」

其他學長聽著都笑了，有人說：「不要被你老媽氣到當了神仙，看是要土葬當土龍，還是火葬當火龍。呿，還扶龍咧！」

老學長「呸呸呸」地回他，但也忍不住在笑。

看著他閃閃發亮的眼睛，我覺得他這樣的人生好快樂喔，但又突然想到一個問題。

「學長，你沒有兄弟姊妹嗎？」

老學長回：「有啊，我的兄弟姊妹都很厲害，很有成就。」

「那為什麼是你一個人照顧媽媽？」

老學長愣了一下，接著說：「因為那些是我原本的兄弟姊妹。我是被送走的，送給現在的媽媽當孩子。」

瞬間，大家一片沉默。

「人家常說『養大過天』。雖然不是親生母親，但我一直當她是我的媽媽，永遠、而且唯一的那個。人各有命，我那些兄弟姊妹問過我要不要回去認祖歸宗，但我始終覺得我和我媽媽是一種特別的緣分。流的血不一樣沒關係，我們吃的飯是一樣的。」

老學長吃了口飯糰，繼續說：「小時候，家裡的環境不好，媽媽煮菜脯配飯，我也吃菜脯配飯，我還比她多一個蛋。後來我當老闆開公司，我吃鮑魚，我媽也吃鮑魚，我讓她多一份魚翅。然後公司倒了，我混得不好，來到這裡，拿剩下的牲禮回去，我倆一起吃，誰都沒有多。雖然她每天唸我，但她永遠是我媽。」

我聽了，不斷在想他那個唸孩子唸了幾十年的囉嗦老媽……

●●●

上工時間到了，一組喪家來進爐。

往生者非常年輕，現場只有平輩的兄弟姊妹。由於白髮不能送黑髮，所以父母都只能留在火葬場外面。

可是，當他要被送進火化爐的這一刻，從火葬場外清楚傳來了一聲聲的：

「兒子，火來了！你快跑呀！兒子呀！火來了，你要快點跑呀！兒子呀……」

那是母親聲嘶力竭地喊著，最後一次對孩子叨唸。

棺木緩緩地被推過長廊，跟在棺木後面的平輩家屬淚流滿面。而母親的呼喊聲不斷在迴盪，伴隨著師父手上的鈴鐺聲。

生與死，在火葬場就是那麼容易區別。活著的聲聲吶喊；而死亡的，就算他對你仍有再多思念，也沒辦法說出口。

聽見那位母親的吶喊聲，可能是火葬場的沙子比較多，我和老學長的眼睛都有點濕潤。

老學長說：「人家常說白髮不能送黑髮，但是你覺得白髮叮嚀了黑髮一輩子，如今黑髮走了，白髮不會來喊這一聲最後的叮嚀嗎？」

我突然好想趕快回家讓我媽再多唸幾句。有時候還來得及被唸，也是種幸福。

希望我媽媽也是「扶龍王」！

三叩首

假如可以選擇父母……

棺木進爐的時候，留在外面的家屬要三叩首。禮儀師會喊：

「一叩首，感謝父親／母親生育之恩。再叩首，感謝父親／母親養育之恩。三叩首，感謝父親／母親教育之恩。」

有些家屬隨意點個頭，就當叩過了。

有些是頭磕下去，久久抬不起來。

某天又在一旁看著叩首儀式進行，我有感而發地說：

「我在想，假如今天是我老媽被送進去，三個頭我都很願意磕。至於我老爸，『生育之恩』我還算磕得下去，畢竟是他讓我來到這世間，遇到我老媽、我外婆，還有我的狗女兒，真的很謝謝他這一點。『教育之恩』嘛，我勉強磕得下去，畢竟他用他的一生在教我，小賭可以怡情，大賭千萬不要碰。

「但『養育之恩』，我真的跪不下去！我永遠記得我媽為了養我們三個小孩，白天上班，晚上去鴨肉店洗菜、剁鴨肉，假日早上還去當清潔阿姨，幫忙打掃家裡。我老爸唯一做的是三不五時去她工作的地方鬧，一下是翻舊帳，一下是懷疑她有外遇。但是神奇的是，我老媽每次拿出一樣奇妙的東西，他就不鬧了！

「直到我爸生病之後，她才不用再做三份工。」

老學長聽了很好奇，「是什麼東西那麼神奇呀？還有，為什麼你爸生病了，你媽就不用做三份工呢？」

「那個神奇的東西當然就是新台幣呀！新台幣治百病捏，一拿出來，我爸就乖乖的。」我笑了笑，回：「你知道嗎？如果你家有人是爛賭鬼，他躺著不能動一定會比較省。生病固然也是一筆開銷，但那筆開銷是可預期的。不像他還能活蹦亂跳時，常常等債主殺到家裡來，你才知道他又去借了多少錢！」

「話是這樣說沒錯啦，不過畢竟是爸爸，對他叩首一下不會怎樣啦。不是都這樣說嗎？天下無不是的父母。再怎麼樣也是至親嘛，哪有什麼磕不磕得下去的問題。」老學長說。

這時候，一旁的葬儀社大哥突然激動地說：「我聽你放屁！每當聽到『天下無不是的父母』這句話，我就一肚子火。告訴你，要是我爸媽翹頭了，這三個頭我一定都叩不下去。

「我這個人力從南部做到北部，像逃難一樣，就是為了躲親戚，我爸媽向他們借了大筆的錢不還。我最慘的時候就是剛上北部那時，工作不穩定，我帶著老婆和兩個女兒睡在車上。有好幾次，我都想乾脆全家死在車上好了！」

我和老學長瞪大了眼睛。

「我有做錯什麼嗎？沒有。我只是剛好有愛賭球的爸、愛簽牌的媽，他們到處騙親戚錢，然後人跑了。結果大家都來找我。

「幹！什麼生育之恩，就是一時衝動生下我而已。什麼養育之恩，我從小到大都是吃我外婆的米、喝我外婆的水，他們還回家騙光她的錢，外婆是被他們氣死的。什麼教育之恩，我國中畢業就出來討生活了啦，也沒見他們參加我的畢業典禮。

「這三個頭，我一個都不會叩！」

●●●

聽了這番話，再看看正在叩首的人們，我很想問：「你們究竟是全心全意地感謝父母？還是為了儀式低下頭？」

回過頭後再想想，連最後一程，都要用這種方式來綁住這樣不可選擇的關係呀。

天下大多數的父母都是可以為孩子付出一切的。但是，少數那些呢？天下真的無不是的父母嗎？

每天看著每組家屬在叩首，我想，應該都是真心感謝。

應該吧？

火來了，快跑

新人

加油！這行很辛苦的……

趁著工作告一段落，到屋外的吸菸區休息，旁邊來了張年輕面孔，充滿朝氣且非常陽光地跟我打招呼。

「嘿，又是你。熟悉點了嗎？」

「慢慢熟悉了，我還在摸索。」我回說。

他也加入這行不久。某天，他獨自一人帶家屬來找我撿骨，看我很緊張，就安慰我說：「沒關係，慢慢來。我也是剛進這行，熟了就好。」

那瞬間，我有點想笑，但是卻也滿釋然的。是呀，我在緊張什麼？只是換單位而已，幹麼這麼緊張。

來到火葬場已有一段時間了，但是對於工作，還是覺得很陌生。不是因為環境不熟悉，也不是因為體力活比較多，而是這跟我想做的事情，不太一樣。

我喜歡孤獨，喜歡寂寞，喜歡上夜班，一個人安安靜靜的。

有時看人做法事，有時跟著保全大胖巡邏。

喜歡在冰庫看著長老們，關心他們什麼時候才能離開。看著來探視遺體的家屬們，聽聽在最後的時刻，他們會跟離開的人說些什麼。

觀察著每次的驗屍，常常有意想不到的事件發展，甚至是比八點檔還高潮迭起的轉折。

喜歡出門接運，因為每次載著還沒有地方休息的無名屍、遊民，或是社會局的案件，回到他們可以休息的地方，我感覺到愉快。我知道我在做一件有意義的事情。

而在火葬場，車水馬龍，人來人往。大家都在比誰比較趕時間、誰做事比較快。休息的時候，我會想，不知道自己在這裡做什麼，也找不到喜歡這份工作的原因。最後的結論往往是：「我是來賺錢的啊。我不需要喜歡這份工作，只要有薪水拿就好。」

等手上的菸熄了，繼續去工作；下一次休息時，再抽支菸，然後繼續工作。

●●●

年輕人看著發呆的我，對我說：「嘿，這邊很累厚？我也是剛來沒多久。我跟你說，我們這些跑接運的，辛苦很多。偷偷告訴你，今天出殯的這一位是燒炭自殺的。我到現場時嚇一跳，大概往生兩天了吧，那味道超可怕的。還有那個身體，都發黑了，我和學長兩人……」

聽他講故事，我也一邊回想跑現場的日子，再看看這個年輕人，像極了以前的我：那種畏懼、又帶點難以言喻的眼神。每一趟出門，都是挑戰；每一場接運，都有著回憶。

我像是一個飢渴的聆聽者，聽著他的熱情，聽著他多采多姿的生活。

菸熄了，該回去工作了。

年輕人知道我要再去忙，拍拍我的肩膀，對我說：「加油！這行很辛苦的。幸好你不用跑外面，那些可怕的畫面，至少你都不用看到。」

「你說得對。」我笑著對他點點頭。

●●●

離開時，他的一位學長也剛好路過，我們倆互相點點頭當打招呼。

我往撿骨室走去，聽見身後傳來年輕人的聲音。「咦？學長，你也認識那個新來的呀？」

「什麼新來的，人家以前可是……」

走進了撿骨室，外面在說什麼，我聽不到，也不重要了。

或許我已經不是以前的我，也必須放下以前的我。為了生活，骨要撿得好，罐子要包得好。或許，這裡不是讓人實現抱負的地方。

或許……或許……

或許。

裝罐

在火葬場，快不是王道，細心才是。

到火葬場工作，必學的項目之一是「裝罐」，就是把火化後、冷卻完成的骨頭，裝到骨灰罐裡。

跟著老學長學裝罐時，我發現一件事情很有意思。

當我們把罐子裝好後，就會用白膠將罐子封死。而在剛上好膠、還未乾之前，都會請家屬看看罐子有沒有對正，有些罐子是要對紋路，有些是先在罐子上做個記號，那個記號與往生者的照片連成一直線。

這時，我們都會跟家屬說：「請務必看仔細一點，因為等膠乾了，就定型，不能動了。」

一般來說，每一位往生者，我們是請一位家屬代表來看。不過，老學長的做法滿特別的，他總是會請每一位來撿骨的家屬都看過，不管當時再忙，他都是這麼做。

而且，似乎他老人家有點老眼昏花，家屬們總會找到一個更好的角度調整，最後才滿意地點點頭，說：「可以了。」

某天是大日子，工作非常忙，我跟在老學長旁邊，建議他：「學長，我們一定要請每位家屬都來看嗎？還是請一個代表，這樣比較快？另外，我覺得你好像每次都放歪歪的耶。」

老學長慢慢地對我說：

「小胖呀，雖然後面有很多家屬在等，但是你要知道，每一位來撿骨的家屬都是在做一輩子只能做一次的事情，就是幫他在這世上無可取代的親人，做這個唯一一次的儀式。

「我們可以很快，可以很有效率，但這是家屬希望的嗎？我每次都把蓋子蓋得有點歪，你看見家屬注意到之後，謹慎地把蓋子轉得更正時，那種開心的表情嗎？再加上我的這一句『還好你有看到，這樣往生者會很高興的』，家屬們聽了，又會更開心。就算他們沒注意到，我們在收尾時幫忙喬正，他們也會很感激。

「有時候呀，喪禮上的一些動作，是為了讓家屬可以對往生者多做一些什麼，燒紙錢是，拜飯也是，所有的儀式都是。今天能讓他們最後再為往生者多做一件事情，這樣不好嗎？」

我仔細消化一下，他說的確實有道理。就讓家屬好好地為往生者做最後一件事情吧。或許在火葬場，快不是王道，「細心」才是。

我望著老學長，他彷彿全身散發金光，似乎是菩薩下凡呀！

這時，他繼續說：

「而且那些家屬們看得越久，我們休息的時間就越多。我巴不得他們看個十來次，最好是看到我可以加班。而且在他們看罐子有沒有對正的同時，你也可以看家屬之中有沒有正的，休閒又養眼。說不定看對眼，往生者晚上會到你夢中，調查你的身家呢。」

我以為是菩薩下凡，原來是薪水小偷呀！

罐子

逝去的那位，最愛的東西。

在我工作的火葬場，通常是在火化當天，家屬先把罐子送來放著，等到火化完成後，直接拿罐子來裝，所以這裡有個臨時放骨灰罐區。

有些造型比較少見的罐子看起來特別顯眼，我們經過時總會多看幾眼。因此，老學長也有個癖好，喜歡拍一些比較奇怪的罐子。

有一次，我裝到一個特別輕的骨灰罐。

「這個罐子好特別，感覺好像是塑膠的。」我對禮儀師說。

他回答說：「沒錯呀，這就是塑膠的。」

我大吃一驚，問：「你們開始賣塑膠罐子？」

禮儀師苦笑著說：「不是啦。現在消費者意識抬頭，我們生意很不好做。像以前買罐子，哪有人在比價的。通常我們自己公司的案件，喪禮由我們做，推薦罐子給客人，他們埋單的機率很高。現在不一樣了。今天這位的家屬在前幾天跟我們說，我們家的罐子和網路上的相比，價格差很多，他直接上網買就好。材質就不說了，你看，這個罐身跟上蓋根本對不好，唉，真是……」

我在一旁聽著，只是笑了笑。

在冰庫時，我曾因見到有家屬用乖乖桶裝骨灰而驚訝，但現在已經滿習慣了，其實就只是個容器。

我自己是嚮往「灑葬」，所以這東西我只是看看，尊重每位家屬的選擇。

有些人覺得要選陶瓷的，外面有漂亮彩繪；有些人喜歡玉石，紋路好看，還有感覺住起來很涼；有些人專注於內膽要豪華；有些人考量到預算要節省。

老學長則是堅持不選綠色的，因為綠色的上蓋，蓋在頭蓋骨上，感覺有點……總之，每個人考量的地方都不相同。

某天，我幫一組家屬裝罐子，發現他們用的罐子很特別，是花瓶。

我一度疑惑，心想：這是不是像花瓶的罐子呢？

結果家屬說：「這就是花瓶。」

這是他們母親生前最愛的花瓶。母親告訴孩子們，等她走後，就讓她住進去。

我望著花瓶，先試試看手能不能放進去，因為這樣才能將骨頭慢慢放進瓶子裡。

瓶身上，是一副仕女划船圖。

我問：「上面沒寫往生者的姓名和生歿年分，沒關係嗎？」

家屬搖搖頭，說：「沒關係，這個瓶子很好認的。」

我再問：「那……哪一邊是正面？」

家屬指著瓶身上的仕女圖，說：「這邊就是正面。我媽之前說過，她想和這個仕女一樣，寄情於這美麗的山水中，悠閒地划著船，所以她要用這個仕女當正面。」

這位媽媽的浪漫，還有兒女完成母親遺願的心意，都讓我很感動。

在裝罐的過程中，子女們在一旁默默地看著。雖然他們沒有喊佛號，也沒有特別說什麼話，但是我感受得到他們對母親的祝福，透過專注凝視的眼神，暖暖地送到了罐子裡。

裝罐到最後，要將頭蓋骨放到最上面。當我準備蓋上頭蓋骨時，家屬們拿出一些飾品，問我：「這些，可以讓媽媽帶走嗎？」

我觀察一下罐中的骨頭部位，想了想，有點不好意思地提出建議：「這樣好了，我幫你們把項鍊圍繞著媽媽的脖子放，這樣感覺好像她戴著項鍊。」

話說出口時，我有點臉紅，覺得自己人微言輕，就算他們不能接受，我也不意外，只是會很尷尬。沒想到家屬們接受了我的意見，也認為正該如此。

其實我邊放也邊疑惑著：這樣做，往生者真的會戴上嗎？但是裝完後，看著家屬的臉，才發現答案很明顯。

原來，我服務的不是往生者，而是活著的家屬。

最後一步，就是要把罐子封起來，可是這是個花瓶，沒有上蓋啊。這時，家屬們拿出一個他們事先量過尺寸的碗。

我將碗封在花瓶上，不需要對中間，不用對紋路，整個也不是一體成型。

火來了，快跑

但，這是一個好看的罐子。
因為是逝去的那位，最愛的東西。
他們帶著那個屬於往生者遺願的「罐子」離開的時候，我想起了當年的乖乖桶，
是不是我誤會了什麼呢？

頭

有的亡者，真的沒有頭！

「頭」，在撿骨的過程中是一個重要的部分。裝罐時，我們通常會把頭骨放在最上面，最好是有完整的一片好放，這樣家屬看起來也覺得圓滿。

但是每個人都能燒出完整的頭骨嗎？其實未必。

火化是很公平的，在燒的過程中，給的溫度一樣、火力一樣，而「頭」能不能保存下來，除了看運氣，還有就是身體的結實度，比如年紀輕輕就走了的人，很容易燒出一副很好的遺體。

我們撿骨的時候，看到潔白無瑕、很扎實的骨頭，心中大概都有個底，這應該是自我了斷或意外走的。

某次，我撿到這樣的骨頭，不經意地對家屬說：「你看，這個骨頭的外觀很好，潔白無瑕，連骨頭裡面都沒有什麼雜質，想必生前的身體狀況應該不錯吧。」

家屬答道：「是呀，我兒子的身體狀況很好，平常都有運動，他是體育班的學生。雖然是體育班，但是他功課也很好。只是，運氣很不好……為什麼偏偏是他?!為什麼老天要帶走他?為什麼那個人要酒駕?我兒子那麼乖，他以後會很有成就，算命的說過他一定會飛黃騰達，一定會的，一定會的……他是我唯一的兒子呀！」

伴隨著哭聲與安慰聲，還有禮儀師的凌厲眼神像刀子般射來，我羞愧得低下頭，學到一個教訓：以後不能隨便亂說話。

還有一次，家屬不願意來撿骨，所以現場只有葬儀社人員。

我看著眼前的頭骨，覺得好奇怪，怎麼這塊頭骨竟像是被人鋸下來的。

葬儀社的大哥答說：「他的頭骨的確被切過。」

我聽了嚇一跳，他繼續解釋。

「是法醫驗屍的時候切的。這個人在外面做『兄弟』，最後是被人打死，丟在路邊。由於是刑案，所以要司法相驗，家屬們也沒有異議。我想如果我是家屬，應該也會認為比起生前每天搞事，現在他不在反而好多了，不管是被砍死或病死，其實沒什麼差別。驗屍完，他就直接被送了過來。」

葬儀社大哥嘆了口氣，接著說：「所以家屬沒人想來，只說明天要去我公司拿骨灰。唉，這個被鋸下來的頭顱，別讓家人看到也罷。」

我把頭骨放進罐子裡，封罐。

原來解剖完的頭顱，是這樣完整。

●●●

另一回，撿骨室裡面，只有一名國中生模樣的孩子在等著我撿骨。

往生者是他哥哥，我看看骨灰罐上的日期，才十七歲就走了……

但是很奇怪，往生者沒有頭骨。最後當我把骨頭全都裝進罐子裡了，卻找不到任何一片頭顱可以蓋上去。

弟弟告訴我：「那個……我哥本來就沒有頭。」

「啊？」

他說：「我哥騎摩托車，是連人帶車從卡車底下被拉出來的。我爸爸從殯儀館回來的時候，跟我們說，哥哥沒有頭……」

我摸著那幾塊碎片，原來，真的沒有頭。

剛開始學裝罐時，老學長教我，骨灰罐可不是隨便裝的。

裝罐是有順序的：把骨頭撿出來冷卻時，我們會把頭和身體分開擺放。而放入骨灰罐裡時，要先放腳，就是有關節的骨頭或粗大的大腿骨，再來依序是骨盆、脊椎，最後是頭部。

不過，有一次遇到同業來撿骨，他給了一種不一樣的說法：應該先放骨盆，再放腳，然後是脊椎，再來才是頭。他解釋為這樣是「坐」在裡面，不然站著太累了。

入行較淺的我倒是這麼想：骨灰罐就是這個大小，假如往生者的骨頭太多，為了讓每塊骨頭得以安放，我們得拿棍子輕輕地壓一下，但絕對不壓頭部，所以才把頭和身體分開擺放冷卻。

所以不管先放入哪個部位，我覺得都還好。不過，我還是會聽老學長的話，盡量排列一下。

某次是我撿骨。往生者的身體狀況很好，應該是有在保養，九十多歲了，骨骼還是很好，連頭骨都很完整。

他的子孫也很多，三代的家屬在一旁等著我裝罐。

這應該是我有史以來裝過最好的一次。所有骨頭擺到最滿，最後將頭蓋骨蓋上時，空間剛剛好！多一分則會壓到，少一分則看起來沒那麼密，簡直是藝術品！

正當我要將骨灰罐封起來的時候，有位家屬拿出一些金飾，請我放入罐裡。

我眉頭一皺，跟他們說：「以老先生的骨量，現在這樣放是剛剛好的。假如再擺東西進去，蓋子蓋起來的時候，可能會把頭骨壓碎喔。」

家屬們為難地想了一下，還是說：「這些東西是我老爸戴了大半輩子的，他交代過我們，等他走後，一定要放進他的骨灰罐裡。那……師父，您盡力好嗎？」

我嘆口氣，看著眼前這個找不到空間的罐子，輕輕地將金飾放在頭骨旁，慢慢地蓋上蓋子。

莊嚴的空氣中，傳來了一個聲音。

這聲音……

是心滿意足的聲音嗎？是完成遺願的聲音嗎？

是家屬們都聽不到的聲音嗎？

還是我想太多，在他們耳裡，就只是骨頭碎掉的聲音而已。

錢財生不帶來，死卻要帶走。

我想要是讓我選擇，我寧願要一顆好的頭顱啊。

不專業的溫柔

有時，話說到此就好。

裝罐的意思很簡單，就是把燒完的骨頭裝到骨灰罐內。但是，罐子「裡面」的學問卻不小。

在裝罐前，我們會請家屬到撿骨室裡「撿骨」，由業者主導，請一位家屬用筷子夾起一塊骨頭，放入骨灰罐。在放進去的時候，要一邊喊著：「某某某入新居喲！」

火來了，快跑

每當聽到這句話，都覺得很欣慰，原來在陰間入新居比陽間容易呀。

這時，葬儀社的人也會稍微向家屬介紹亡者的骨頭。

「這副骨頭燒出來好漂亮呀。你看，這個觀音骨那麼完整，是極有福氣的人才有。不信？不信你問一下火化大哥，是不是很少見呀？」

所謂「觀音骨」是人的第二頸椎，形狀像是觀世音的頭，並呈現坐姿，所以我們稱作觀音骨。每個人都會有，可是骨質疏鬆的人，這個骨頭容易碎掉。說少見嘛，也不算少見，但是為了配合葬儀社，我們都會掛著一絲神祕的微笑，點點頭。家屬看到我們高深莫測的微笑，就覺得自己的親人很有福氣而開心。

「啊，你家人的骨頭裡面黑黑的，應該是化療變成這樣的。」

「啊，這骨頭是粉紅色，應該是常吃高血壓藥。」

「啊，這骨頭黃黃的，應該是……」

每當聽禮儀師介紹骨頭的樣貌，以此判定往生者生前的身體狀況，都覺得他們很專業，厲害地說中了往生者曾患的疾病。而家屬回想著往生者生前的狀況，往往也看著骨頭流淚。

那次在裝罐時，禮儀師不在場，家屬看到骨頭黑黑的，便問我的學長：「請問這個骨頭為什麼會黑黑的呢？」

學長回答：「因為是柴油燒的，積碳。」

家屬又問：「為什麼那個骨頭黃黃的呢？」

學長回答：「可能是陪葬的衣服染色，染到了骨頭上。」

我在一旁聽得瞪大雙眼，心想天呀，這樣講也太不專業了吧！

裝罐完之後，我忍不住問學長：「為什麼別的禮儀師都能那麼專業地解釋往生者得過什麼病、吃過什麼藥之類的，我們的回答卻那麼遜？」

學長笑了笑，說：

「我們每天裝那麼多罐子，你有沒有注意到，如果在裝罐的時候，我們不談那些疾病、吃藥啊等等，家屬的感覺是不是好一些？人都往生了，到現在也是最後一步了，能不能就不要再透過骨頭去研究他得過什麼病、吃了哪些藥？只要知道他現在沒病沒痛，好好地走完人生最後一哩路了，這樣就好。

「有時候我們的一句話，會讓家屬難過很久，內疚很久。比起這樣，我寧願當一個話少、不專業的人。」

我聽了，沉思很久。

這天，我在火葬場，學到了溫柔。

照片

終究，他還是活在我心中。

在火葬場，天天會看到這樣的畫面：一輛輛靈車帶路，後面是一位師父，跟著撐傘、拿牌位的家屬，最後是一群參加告別式的人。

而靈車上面的照片，後來去哪裡了呢？

火化開始前，師父先誦經，誦經完之後，師父會問家屬要不要留下照片。假如不留，照片會跟著棺木一起進爐火化掉；來不及火化的，則會在燒庫錢的時候，一起化掉。

我老爸火化的時候，葬儀社的人問我：「你爸的照片要留嗎？」

我想都不想，說了一聲：「我要留。」

老媽皺著眉頭跟我說：「照片放在家裡，很多忌諱的。什麼不能跟在世的一起放呀，方位也要注意。如果家裡還有老人家在，要用報紙包起來，得過多少年才能拿出來……」

我只淡淡地回：「別說了。老爸沒什麼照片，留著讓我懷念他也好。」

我老爸真的沒幾張相片，所以我們挑遺照的時候，不好挑。

●●●

年輕時的老爸有一些帥氣的照片，騎野狼、穿飛行夾克、燙捲髮的，都是我不認識的那個老爸。只有我媽有時候會拿出這些照片來，笑一下。那笑容中，有著些許甜蜜，有著些許故事。

我從來沒過問，因為這個距離我印象中的老爸差了太遠。

老爸的照片，從結婚之後就是一個大斷層。

●●●

有幾張他抱著我的照片，但我一點印象都沒有。

我曾經趴在爸爸身上嗎？我曾經睡在爸爸懷中嗎？我曾經拉著爸爸求他帶我去玩嗎？

我沒印象，也不想有印象。但是那些鐵證如山的證據，卻一張張攤在我面前。等到要為他的告別式挑照片的時候，我才想起，原來他也曾經是我的山，我也曾經是他的寶。雖然不願承認，但，這是事實。

在他生前我不願意想起的回憶，卻在他死後，看著那些照片時，慢慢拾回印象。很諷刺吧？

●●●

再下一張照片，是長大後的我和妹妹，還有老媽。

剛聲請好保護令後不久，他又在我媽面前哭著懺悔，說他會努力工作，不會再賭了，給他一次機會。

他拿著他的求職履歷表，上面有一張證件照，一個膚色黑黑、理著平頭、眼睛瞇瞇，笑起來跟現在的我一樣面癱的人。那是他生病前拍的最後一張照片。

記得那天我回到家，看到原本應該不能接近我們的爸爸在家，氣得問我媽：「為什麼這個垃圾在這裡？」

我媽卻回說：「不要這樣講啦，他至少還是你爸爸。啊他就很可憐呀，一個人住外面也沒人照顧。他有說他會改啦！」

我怒極反笑。「我會改」這句話，我從懂事聽到二十多歲，你從嫁給他聽到破產跑路聲請家暴保護令。你還相信他會改？

老爸默默地給我看他的履歷表，告訴我：「這次我說真的，我會努力工作，我們要買房子。」

聽到這句話，我崩潰地打了他。

我十多歲時，很多人來家裡討債，靠著其他親戚幫忙處理。當時還完錢，他就對我說過這句話。當時我聽了這句話，看著那張懺悔的臉，覺得爸爸改變了，再也不會有人來我家討債了。

我國二那年，我們全家離鄉背井搬到新的環境，不為什麼，就是因為他又欠錢了。那時候，他也告訴我這句話，我一樣相信他，覺得一切都是重新開始，只要我們努力，一切都會變好的。

我高中那年，我們又搬家了，因為新的債主吵到左右鄰居皆知我們家出了一個賭鬼，而且是很衰小的賭鬼，欠到有人一直上門討債。

那時聽老爸跟我說這句話，我覺得很噁心。又或是說看到他，我覺得很噁心。為什麼？為什麼我要跟他在同一個屋簷下？同樣活在這世界上，為什麼我們總有還不完的債？

那天再度聽到他說「我會改」，我真的崩潰了。

那張被我撕爛的履歷表撒在我們家的客廳裡，像是我和他的關係，像是我對他的信任，像是我們全家人的人生，像是我老爸的信用。

一樣破碎。

一樣只能在地板上，讓人不想再拾起、再修復。

火來了，快跑

後來的照片，是他第二次中風後，我們要幫他申請殘障手冊時拍的。

我們推著老爸去百元快照。照相前，老媽喬著他歪一邊的頭，我輕輕闔上他的嘴巴，但我一鬆手，他的嘴巴立刻又張開。

掛在他身上的鼻胃管顯得礙眼。眼角的眼屎，我們努力摳掉。他的嘴唇有點乾，我拿了根棉花棒沾點水，讓嘴唇看起來有些光澤。

我看著他，告訴他：「老爸，你笑。」

我媽看著她，告訴他：「老公，你要笑。」

望著他空洞的眼神，我的心裡五味雜陳。

身為兒子，我應該想的是：「好希望，好希望老爸能笑，好希望他再告訴我『這次我說真的，我會努力工作，我們要買房子』。」

現在在電腦前面的我本來也想這樣打……但，這是我真正的想法嗎？不是。

老爸中風後，很難過地，醫藥費比他之前動不動就欠一筆債還便宜。我們家的經濟甚至因此改善了。

哈，很好笑吧。

現在打著這段，我流著淚。
很好笑吧。
我們家居然因為我爸生病而改善了生活。
很好笑吧。

●●●

最後，我們選了當初他要投履歷的那張證件照。
看著久病的爸爸，有時我忍不住懷疑，這個躺在床上一直咳嗽、不能說話又眼神空洞的人，真的是我老爸嗎？覺得他很陌生。
再看看那張證件照，照片裡那個黑黑胖胖，老是欠了錢、人就不見，在家心情不好就對我們又打又罵的人，真的是我爸爸嗎？我也覺得他很陌生。
或許，我從未認識過我爸吧？

火化完後，老爸的遺照被我帶回家，用報紙包起來。葬儀社的人有告訴我什麼時候可以打開，但我忘了。

每當看到那張報紙包著的相片，我都會想起老爸，有抱著小時候的我的，有瞪著眼睛罵我的，有跟我打架一起倒在地上的，有生病後我媽握著他的手的，有他的手打在我媽臉上的。

雖然我從未打開，但是未曾忘記他。

是如此清晰，卻又如此陌生。

曾經以為不拿照片，我會忘記他。

但是最後才發現，原來他終究還是活在我心中……

一輩子。

神眼

一把火，把一個家族燒成四分五裂。

老學長有對神眼。

在棺木進爐火化前，我們都會先在一張牌子上註記著往生者的姓名、火化的爐號以及進去的時間，以便火化出來之後，家屬可以做二次確認。而老學長的神眼一看，總是可以把往生者的性別和年紀分析得八九不離十。

「這個骨頭嘛，應該是年輕人，年紀不大，男生，嗯……滿有可能是意外往生的。」老學長拿著剛火化冷卻完的菩薩骨頭說。

我很好奇地問：「你怎麼看出來的？」

老學長說：「你看，這骨頭那麼白，又很硬，沒什麼骨質疏鬆的問題。骨架很大，我覺得應該是男生。再來就是骨頭和裡面的骨髓沒什麼其他的顏色，應該是沒吃過什麼藥。加上骨頭上有鋼釘，沒意外的話，應該是出了車禍的年輕小伙子。」

等到家屬來撿骨時，全中。

老學長有自己一套看骨頭的方法，真的很令我佩服。我常想，要是自己哪天也有這種技能，光看骨頭就可以把往生者的身分猜得八九不離十，那有多威風。

某天，來了一組家屬，一看就知道這應該是他們最後一次聚會了。他們還在火葬場排隊等著火化結束時，就傳來爭吵聲。

「嗚嗚嗚，媽，媽你怎麼這樣走了！要是那天沒在大哥家滑倒，說不定你還可以活久一點呀！媽……」

「不要再說了！是我願意這樣的嗎？媽住我家，但我和你嫂子也要上班呀，哪有人可以二十四小時在媽旁邊？大家不用生活嗎？」

「我不管啦！媽是死在你家的！你還我一個媽，你還我一個媽！都是你害死媽的！」

「我害死媽？我害死的？你怎麼不講當初大家要出錢讓媽去護理之家或是請外傭，你覺得一起輪流照顧就好，說是怕在護理之家孤單，又怕跟外傭不好溝通。講得好聽，什麼每個人輪流照顧兩週。要是媽在護理之家，她會跌倒嗎？她會嗎？我看是你害的吧！」

我忍不住走過去看看。他們在火葬場罵得不可開交，引起其他同樣在等待的家屬側目，有人臉上寫著「好險，我家不是這樣」。我還聽見有人小聲地對家人說：「以後我們家一定不要像這樣。」

火化時間大概兩小時，這組家屬坐在休息室等待，人數雖然多，但是如同陌生人一樣，沒有什麼交集。

看來，火葬場不僅將一具遺體燒成一堆骨頭，也把一個家族燒成了不同的家庭。

準備裝罐的時候，老學長跳出來說：「這個我來。小胖，你在旁邊看就好。」

老學長把往生者的骨頭端到撿骨台上，在旁邊擺好筷子，等待家屬們進來。

他先請家屬確認了牌卡上的姓名，接著看看骨頭，說出下面這段話。

這位菩薩應該是女性，應該有點年紀，應該生過不少小孩。你們看看她的脊椎，非常脆弱。為什麼呢？因為懷孕。懷胎十月對身體很傷，尤其是以前的家庭，有時候挺著肚子還要做事，生的小孩又多，所以到老了火化後，女性脊椎通常都會像這樣脆脆的。

所以我們常常說最難報答的是母親的生育之恩。母親的身體不好，跟他的子女都有關。有時想想媽媽老了骨質疏鬆、關節不好，是誰害的？是所有小孩害的。

所以對於媽媽，我們每個人都有責任。不管想法如何，至少大家的出發點都是好的。今天，我們就讓她安安靜靜地住新居、入新厝，不要再有人間的罣礙。大家等等輪流夾一塊骨頭，請媽媽放心去修行吧。

他說完後，家屬們一片沉默。

過了一下子，大哥先走出來，接過筷子夾塊骨頭，說：「媽，住新房子喔！這邊很好，不要有罣礙了。」

接著，每個人依序走上前來，不管是真心還是假意，在此時此刻，大家都對媽媽說：「媽，住新房子，不要有牽掛。這邊真的很好。」

等到他們離開撿骨室後，老學長對我說：「你看，這樣至少在此時此刻，大家沒有爭吵。以後他們會怎樣，不干我的事。至少現在我們讓這場喪事很圓滿，這是我們可以做的。」

這句話，我一直放在心裡。

●●●

這天，我自己負責撿骨，撿到一位脊椎骨很疏鬆的菩薩。

我想起老學長那時所講的，就對面前的家屬說：「這位菩薩應該是女性，應該生過不少小孩，因為生過小孩，脊椎會——」

家屬打斷我，說：「師父，你是不是搞錯了？我爸生前像你一樣有大肚子，胖了一輩子。」

啊，原來身懷肥肚不輸身懷六甲呀。

撿骨，經驗還是很重要！

五百萬

手足為此決裂，五百萬算多嗎？

禮儀師帶著一位家屬進來撿骨室。這位家屬在講電話，對話聽起來不怎麼愉快。

「你們怎麼那麼快就走了？媽走了，我想說大家吃個飯，訂好了〇〇餐廳，等等晉塔後，我們一起去吃好嗎？……好，沒關係，不去吃就算了，不要再大小聲……好，你覺得媽把錢都給了我！你不爽沒關係，大不了兄弟不做了。但你想過這幾年是誰在照顧媽的嗎？喂？喂？」

看來是對方突然斷了線。他無奈地看著手機，嘆一口氣。

一片靜默中，我問：「請問還有其他家屬嗎？」

他搖搖頭。

禮儀師把筷子放到他手中，說：「來，因為只有一位家屬，我們多夾兩塊。喪事沒有做雙的，所以我們夾三塊，請媽媽入新居，住新房喲！」

他默默地照做。

接著，便是我撿骨、裝罐。

安靜的撿骨室內，那位先生突然開口對禮儀師說：「不好意思，剛剛讓您見笑了。」

禮儀師尷尬地笑了一下。「不會啦，這種狀況，以前也遇過。我還看過為了家產，找黑衣人來告別式鬧場的呢！您家的還好，才來翻倒幾盆花而已，不要太在意。倒是嫂子還好嗎？我看她的情緒很激動呢。有先回家休息嗎？應該沒事吧？」

他嘆口氣。「是沒事啦，我兒子先帶她回家了。唉，發生這件事情，我老婆是最傷心的……你們覺得，五百萬多嗎？」

禮儀師說：「五百萬很多呀！」

我裝罐裝到一半，也忍不住回頭點點頭。五百萬！我要賺多久才有五百萬，當然多呀。

他接著說：「那……五百萬買你照顧一個失智到臥床的老人家十多年，不對，快二十年，你還覺得多嗎？」

我愣了一下，禮儀師也想了一下。我們同時對著他搖搖頭。

然後他說了五百萬背後的故事。

十多年前，我媽生病了，變得像小孩子一樣，而且漸漸會忘東忘西的，需要有人常常陪在身邊照顧她。

一開始，我們幾個兄弟姊妹輪流照顧。但是我覺得媽可能不想搬來搬去，所以後來就長住我家。本來要請看護，但是我和老婆討論之後，決定她放下工作，照顧媽。反正我薪水夠用，而且這樣也不會有跟外傭的那種溝通問題。

可是我媽沒有保險，什麼都很花錢。有一天，我弟弟來看她，發現她的存摺簿子裡面，少了很多錢。而且她老人家不知道怎麼回事，哭著跟我弟弟說我們虐待她，拿她的錢去亂花。

我發誓我真的沒有！我也不知道我這麼用心對我媽，她怎麼會說這種話。我想，她應該是生病了。

後來，她住了一年多的安養院，然而極度不習慣，我弟就把她接去他家住。可是不到半年，我弟受不了，又把媽送回我家。

這幾年，我老婆用盡全力照顧她，給她最好的。我們覺得那是老人家自己的錢，所以用那些錢照顧她，結果卻被大家講成我們拿她的錢亂花，還說我們霸著媽媽，就是要她的遺產！

幹，過年時看他們打卡圍爐，快快樂樂地吃飯。我們家呢？我們要哄媽媽吃飯，而且得隨時準備著，當她身體不舒服，要趕快帶她掛急診。

寒暑假時，他們開開心心地帶小朋友出門打卡。我呢？我叫小孩不要出門，在家陪奶奶，叫老婆看著老媽，別讓她出門到處跑，深怕她跑丟了。我也知道請看護輕鬆，但他們受得了我媽嗎？會不會偷打我媽？

今天媽走了，他們來鬧、來推花盆，說老媽本來有上千萬的存款，最後只剩五百萬，叫我吐錢出來。

幹，這五百萬我全拿不心虛啦。十多年，十多年欸！我照顧十多年，拿這五百萬，過分嗎？多嗎？那些用掉的錢，哪一分哪一毫不是用在我媽身上。

我承認我對不起老婆跟小孩，沒給他們可以愉快出門玩的童年和生活。但是我絕對沒有對不起我媽！

很少看到男人哭成這樣，而我們也不好說什麼。

禮儀師帶著那位先生離開後，我跟老學長分享這件事情。

「真是令人心疼呀。」老學長說

我說：「對呀！那家餐廳那麼難訂，又好吃，訂到了不去，真的很令人心疼！」

老學長用力點頭，說：「沒錯，尤其是那個獅子頭，香味一絕！」

餐廳好不好吃我們倒是有一致的意見。其他像長照、遺產呀，這些故事天天上演，換個家屬來，或許又有不一樣的說法，也就沒有一定正確的答案。

反正撿完骨，自問沒有對不起你抱的哪個罐子任何事情，你就可以抱著它昂首闊步地走出去，管別人說什麼，是吧？

一人一半

要把媽媽上下分？還是左右分呢？

某天我裝罐子，家屬是一對姊妹，其中一個有點奇怪，她一個人站在角落，不斷地在碎唸，眼神也一直飄忽不定。

由於她表現得很古怪，所以我多看了她幾眼。另一位注意到了，略帶歉意地對我說：「不好意思，我這個妹妹有時候會這樣。你知道的，就是……該怎麼說呢？體質比較異常一點。你們這邊的環境也是這個比較……欸……異常一點。所以她從剛進來就開始在『溝通』。不用理她，師父，您忙您的。」

我不以為意，這種情形不是第一次。火葬場嘛，常常有人在門口就覺得身體不舒服，或是進來撿骨室時，感到暈眩、想吐。但我一直都是以環境問題解釋這些情形，沒什麼大不了，嚇不了我的，於是我繼續裝罐。

有時候骨頭比較滿，我們會用小棍子稍微擠壓一下，讓骨頭都能順利地被放入罐內。我正在這麼做時，角落的女子突然說：「他說痛。」

我：「啊？」

女子：「我哥說他痛。」

我：「你哥在哪裡呢？」

女子：「我哥就是你正在裝的那個。他在我旁邊，告訴我他很痛。師父，您可以小力一點嗎？」

……

我放輕動作。「那現在這樣，你可以幫我問你哥哥，這力道可以嗎？」

碎唸女子碎唸了一下，對我點點頭，比了一個「ＯＫ」的手勢。

我將這個故事說了出來，學長們都嘖嘖稱奇，紛紛聊起自己裝罐子的經驗。

有學長說家屬來撿骨，分成兩列，雙方互不相看。

啊我知道，這齣叫做**「摩西分海」**。

有學長說三兄弟來為爸爸撿骨，進了撿骨室，卻都不說話。當禮儀師請每個人都夾一塊骨頭進罐時，三兄弟搶著當第一個，還打了起來。

啊我知道，這齣叫做**「三國鼎立」**。

還有一位小姐，似乎是寡婦。學長說撿她公公骨頭的時候，她擋在門口，不讓其他家屬進來，只讓身為長孫的兒子來撿。撿骨室外面，家屬們亂成一團，而她擋在門口，一下子怒罵，一下子哭鬧，一下子下跪，還抓住門不放。一群人溝通未果就打了起來，她竟也不還手，就讓他們呼巴掌。

這齣……我就有點看不懂了。

老學長搭話說那家人好像姓王，「不然叫**『巴王之亂』**好了，巴下去的『巴』。」

嗯，滿貼切的。

輪到老學長。他說：「我遇過一組家屬，一樣是摩西分海的，不過，他們分得很徹底，一人準備了一個骨灰罐。他們媽媽要**一人一半**。」

在殯儀館待了十多年的老學長和這一行做了四十多年的葬儀社老闆，還是頭一回遇上這種事，兩人聽了都傻眼。

「該是上下分呢？又或是左右分呢？」他們問。

家屬只說他們就是不要跟對方一起拜，但是又都想把媽媽帶去塔裡，所以「隨意就好」。

但是裡面要有一半的媽媽？我們聽了，都感慨萬分。

有時候忍不住猜想兄弟姊妹能夠要好到最後的，究竟有多少。各自結婚，各自生活，彼此有多少時間去聯繫這份感情。或許對某些人來說，這樣的情感是不需要聯繫的，也或許是種負擔。

但是，媽媽何辜，要這樣被分成兩半呢？

●●●

老學長說的故事，我聽了實在覺得滿扯的。結果某天，火葬場來了一個大家庭。

老母親火化後，信傳統宗教的家屬拿出一個骨灰罐，說：「我要晉塔。」信阿門的拿出一個紙袋，說：「我希望幫媽媽灑葬。」分住國外的另外兩位家屬也拿出自己的小罐子，說：「我希望帶媽媽回去我住的國家。」

看著家屬把媽媽分成了四份帶走，我開始思考：若子女們都很珍惜媽媽，想用自己的方式決定媽媽的最後歸宿，那確實是美事。但是，他們有問過媽媽的意見嗎？或是自己就決定了呢？

經過這件事情後，對於自己的最後一程，我下定決心要自己決定……

火來了，快跑

觀音座

媽寶是一輩子的。

在冰庫的時候，大家問我最多的問題是：你遇過鬼嗎？到了火葬場，被問最多的則是：你看過「舍利子」嗎？

許多家屬在親人火化後，想討個吉祥，常問我們這類問題：「師父，我爸行善多年，身上有沒有什麼特殊的東西？」「我媽潛心修佛三十餘年，是不是有舍利子？」

老實說舍利子是什麼，我還真沒概念，倒是知道有個「觀音骨」，很少見。

大致來說，「觀音骨」是人體第二頸椎的骨頭，由於外表看似觀音大士的頭、並呈現坐姿而得名。

有的人以為這個骨頭是修行者才有，但其實是每個人都有的，不過，因為很容易在火化的過程中燒壞，或是被掉下來的頭骨壓碎，所以最後要撿到成形的不太容易，大家就以為很少見。

●●●

一天撿骨時，我發現了觀音骨，趕快拿給家屬看，他們興致缺缺，倒是有人問：「師父，不好意思，請問我媽膝蓋的骨頭在哪裡？」

我很納悶，他對觀音骨沒興趣，只對母親的膝蓋骨感興趣，到底是為什麼？但還是幫他找出了膝蓋骨。

輪到他將骨頭夾到罐子裡時，他夾起母親的膝蓋骨，對著骨灰罐唸道：「媽，我是小志啦。你也知道這幾年我的膝蓋關節痛得厲害，您老人家走了，要保佑我的腳可以慢慢治好，就是我現在夾的這邊，要記得喔。求菩薩保佑您一路好走，您也要保佑我早點康復。」

我聽得瞠目結舌，下巴快掉下來。

這時，另外一位家屬對我附耳說道：「師父，那個……我有偏頭痛，要夾我媽的哪裡呀？」

我另外一個下巴也掉了下來。幸好我有兩個下巴。

「你不覺得你媽生前就夠累了，人都走了，就不要當媽寶叫她做事情。」這句話，我始終說不出口。

或許他們的母親也很樂意保佑孩子們吧。

●●●

另一回撿骨是一位先生獨自進來，沒有其他家屬。他很憔悴，很沉默。

禮儀師請他夾一塊骨頭並說：「請媽媽進新房子喔。」他站前一步照做了，但立刻又退回後方。

在將剩下的骨頭裝罐，並且把非骨頭的雜質挑掉時，我看到觀音骨。很奇怪的是，一般來說若有觀音骨，先前同事將火化後冷卻的骨頭鋪放出來時，多半就會注意到，並擺在明顯的地方，讓家屬一眼就看見。像我這樣裝罐半途才看到的情形滿特別的。

我對那位先生說：「這是您母親的觀音骨。您看，這個骨頭很像觀音大士的頭顱，很少見喲。」

他一聽，突然變得激動。「師父，您的意思是這是好事嗎？」

我回：「很少見啦。今天都還沒看到其他人有，我覺得應該是不錯的事情。」

他望著觀音骨，突然哭著跪下。

「媽！我一直以為是我害了你。你生病那麼久了，我不想讓你受苦……選擇拔管那天，我真的不能原諒自己，又找不到人商量。媽，真的不是我不要你了！你應該可以體會我的感受吧？看到你身體裡面的觀世音……是不是神明也認同我這樣做？

「我這樣做，沒錯吧？媽，你要原諒我呀！」

沒想到自己只是雞婆地說了一句，竟然激起他這樣的反應。

這個觀音骨——它的出現是偶然？還是真的要跟兒子說：「孩子，你做得沒錯。你安心，觀音大士帶我去修行了。」

能夠幫助家屬不帶遺憾地走出這裡，或許也是我們的工作之一吧。

屍骨未寒

人辛苦一生，為了什麼？

每個月最開心的一天，就是拿到薪水的那天。但，通常這筆錢在手中的日子都是還沒過頭七，就要辦告別式了。

電費、水費、房租、孝親費、伙食費，還有養狗女兒的費用，偶爾來點娛樂費。要是再有些儲蓄，那是再好不過了。

這就是我的薪水一個月顛沛流離的故事。

當年快三十歲的時候，我老爸走了。其實我早就已當了多年的一家之主，他走後，家族的事情更是順理成章地常需要由我替爸爸一肩扛。過年時回老家，除了人到，拜拜買牲禮，也要出點錢，或是參與一些比較大的決策。有時候想想，這是我這年紀的人需要做的事情嗎？

叔叔伯伯們體諒我，常常說我年紀還小，有些錢不找我出。我都很惶恐地說：「那怎麼好意思！」然後一面把錢放回口袋，暗自擦汗，在心裡說聲：「好險。」這樣的反應，也許他們知道，也許不知道。但對我來說，自己的生活都不容易過了，更何況為家族付出。

不過，老媽的想法與我有些相左。她說：「當年我上班時，都會寄錢回家。」「吃的、用的，能省則省。」

她還說：「存錢有很多好處，遇到問題時有得用。」但後來她存下的錢都被我爸拿去用了，她自己一點都沒有享受到。

人辛苦一生，為了什麼？

自己一個人生活後，我常常在月初算一下，就知道這個月好不好過。預留一點錢要拜拜用；年終獎金用來發紅包，還得倒貼……然後再被笑「怎麼沒存錢」。

或許這就是現在的年輕人吧。

某天上班時，一位老葬儀問我：「阿弟，我們家的冷卻好了嗎？我要撿骨，趕晉塔了。」

我說：「再等五分鐘。這位菩薩屍骨未寒，還不能撿，五分鐘後就可以帶家屬來了。」

五分鐘後，老葬儀帶著家屬進門，開始撿骨。

撿到一半，我發現往生者的下顎有兩顆假牙，於是回頭對家屬說：「往生者身上有兩顆假牙，我等等幫你們拿下來喔。」

現場有六、七位家屬，其中一名女子疑惑地問道：「咦？爸爸有裝假牙嗎？我沒印象呀。」

其他人聽了，表情都有點尷尬，接著是看似大哥的開口。

「哦，這個啊……老爸兩年前說他牙齒不舒服，我們幾個人就出點錢，替他裝了兩顆牙，沒什麼事情啦。」

女子瞪大眼睛，說話也變大聲。「什麼沒什麼事情？怎麼沒人告訴我！這不是大家都要出的嗎？怎麼？我不是這家的人嗎？」

大哥一時語塞，旁邊的大嫂緩頰說：「小妹呀，不是嫂子要說，這錢沒多少，我們和你二哥、三哥出就好。我們想說你比較不好過，家裡可能比較需要用錢，所以沒跟你提起。這不是什麼大事啦。沒有什麼不是一家人那麼嚴重。」

女子激動難平。「大嫂，你是看不起我們家窮嗎？我們會窮到連爸看醫生都不拿錢嗎？好呀！原來你們都這樣看我。這樣顯得我多不孝！好啦，孝子孝女給你們有錢人當啦！」

我還在把他們的爸爸裝到罐子裡，他們就你一言我一語地吵起來。

大哥說小妹平常缺錢都跟爸拿。小妹說大哥做生意爸都有出錢。

二哥說房子頭期款爸給最少。三哥說他平常拿最多錢回家。

嫂子們也不甘示弱。

大家來場大混戰。

在一旁的我，默默地將牙齒拔下來，放在一旁。

火來了，快跑

裝骨灰罐的「頭」是有技巧的，要盡量放成一個完整的頭型，面朝前方，所以一般是將上、下顎先放好，然後讓脖子上的那個洞對正中間，雙耳定位，眼窩朝前。接下來，將頭骨由兩邊開始補滿。最後，蓋上頭蓋骨。

我已將往生者的頭裝好了，但他們還在吵。我心想：老菩薩呀老菩薩，他們說的話，你可都聽到了。晚上記得去當和事佬呀，最好在夢中一人一巴掌。唉，算了，都裝到罐子裡面，就不要再勞心費力了。

這時，帶他們進來的老葬儀突然走到罐子旁，輕聲說：

「你們爸爸，屍骨未寒呀……」

說得很輕，意思很重。他們停下來，往罐子這邊看。

罐子上那張老人家的照片，雙眼炯炯有神，似乎有點嚴厲。

他們的表情看起來很複雜，不知是不是在想：「當初我們選照片的時候，爸看起來有那麼凶嗎？」

老葬儀接著說：「不要在老人家的面前吵架。你們要吵，回家吵好不好？現在誰要來抱？」

家屬們離開後，我不禁在想：沒出到錢，有那麼氣嗎？老人家在世的時候，你對他的用心，他都點滴在心頭。何必在他走後，為了這些事情吵架呢？畢竟他還屍骨未寒……

啊，不對。老葬儀說錯了——骨頭要等冷卻了，才能裝罐子。

那個「屍骨未寒」，真的用錯了呀！

火來了，快跑

服務業

專業代辦，代客送行。

葬儀社的弟弟跟我說：「哥，等等幫我開一下燒庫錢的火爐，我要燒庫錢了。」

火葬場的工作，除了進爐、掃灰、裝罐、封罐，還有燒庫錢，依各組家屬決定，有人提早燒，有人是最後燒。由於人手有限，要燒庫錢時都是有人來說一聲，我們才去開門等著。

我在火爐旁，遠遠地看到剛剛請我開門的弟弟和一名師姐，陪同一位手捧牌位的年輕男子走來——不對呀，那個捧牌位的也是他們葬儀社的人，新來的菜鳥。

等他們走近，才發現弟弟拿著手機在錄影，還不停叮嚀菜鳥的表情要哀戚一點，他也很配合。

「你們這是在幹麼呀？」我忍不住問。

葬儀社弟弟說：「唉，這組家屬本來連庫錢都不想燒給父親的。但是前幾天，其中一個孩子作夢夢見爸爸告訴他沒錢花。他這輩子從沒夢過爸爸，卻在老爸往生後作了這個夢，所以他買了一些庫錢和金銀元寶。但他還是不想來，就叫我們來幫他燒。」

葬儀社弟弟繼續講那一家的故事……

他們的老爸很久以前就跑路了，丟下三兄妹給奶奶照顧。二十多年過去了，突然收到社會局通知，說他們的爸爸在某個公園往生了，要他們出面處理。

認屍的那天，聽他們抱怨了很多。小時候住在奶奶家，他們常常得忍受親戚的閒言閒語，像是：「你們的爸爸倒好，騙我們的錢去投資，倒掉之後，人就不見了，還留你們給奶奶養，天下哪有那麼好的事情！」或是：「長大了不要像你們老爸一樣呀，連兄弟姊妹的錢都騙，會不得好死，下地獄！」現在看看，還真的不得好死。

檢察官和法醫問他們：「這是你們的父親嗎？」

三兄妹你看我我看你，手上拿著泛黃的照片，在往生者身上卻看不出一絲相似的痕跡。也許是因為流浪久了，變得和以前完全不同。

警察憑著往生者身上的證件找到了兒女，卻沒想到他們對父親的熟悉程度，跟剛趕到現場的警察沒差多少。

葬儀社弟弟嘆了口氣，接著說：「三兄妹的老大剛當完兵，最小的才高中畢業，還沒出社會就得先花一筆，其實很傷啊。」

我說：「參加聯合公祭不就好了？」

弟弟說：「奶奶捨不得呀，身上沒多少錢，都拿出來給兒子辦喪事了。」

我好奇地問：「那你錄影是？……」

「奶奶的身體不好不能來，三兄妹也說要找工作、很忙之類的不到場。」弟弟感慨地說：「唉，都不會想來看看我們有沒有隨便亂辦，只叫我們拍影片給他們看就好。也不知道拍了有沒有在看。」

我心想：假如我有這樣的爸爸，我願意來嗎？

接下來的這幾幕看起來有點奇異：師父唸經。菜鳥拉著燒庫錢時圍起來以防過路孤魂野鬼來搶錢的紅繩子，喊著往生者的名字，叫他來領錢。弟弟在旁邊每錄一段就停一下，看看有沒有拍好，不行就重拍。

最後由菜鳥擲筊，問往生者有沒有收到錢。我心想最好這樣擲筊還可以過。誰知道居然一個筊就解決了。

我笑了出來。會不會往生者其實也不知道兒子長得怎樣？所以直接把菜鳥當兒子，一個筊就收到了，說不定他在下面還直誇兒子孝順。

或許真的是兒子認不出父親，而父親也認不出兒子呢?!

隔天，葬儀社弟弟又帶著菜鳥來，一人拿著手機錄影，一人送往生者進火爐。

「火來了，快點跑喲。火來了，快點跑喲。」

原來這幾個字也能喊得那麼不帶感情，輕鬆愉快。

拔牙

要幫人拔牙，原來不只當牙醫一條路。

小時候，我最討厭拔牙了。

那年我還小，牙齒掉了很多，阿姨帶著我去看牙醫。牙醫伯伯有點年紀，講話比較直接，見我被拔牙的時候，狠狠地瞪著他，就對我說：

「沒辦法，我是牙醫呀。你有出息點，長大以後當牙醫，也可以拔別人的牙。說不定還可以拔到我的呢，哈哈。」

這句話，我一直放在心裡。

但是別說牙醫了，我連普通大學都沒畢業，所以一直覺得很遺憾。

某天看著學長將骨頭裝罐，他教我一定要把牙齒拔掉。這有兩層意思：一是牙齒生不帶來，死不帶走；另一說是往生者的牙齒若放在骨灰罐裡，會咬子孫。

「所以我們挑骨頭的時候，都會幫往生者拔牙。」學長說。

我一聽，熱淚盈眶，好想告訴當年的老醫生我有出息了，我現在也能幫人拔牙了！

不是當牙醫，而是在火葬場。

樹欲靜而風不止。我想拔牙，不知道老醫生還在不在。

人生總是那麼有趣，要實現夢想，不一定只有唯一的一條路吧。

這是我今天學到的。

善緣

把恩人裝進罐子裡，也把討厭的人裝進罐子裡。

做上工準備時，老學長看了看這天要火化的名單，突然眉頭一皺，眼光停在一個名字上。

「學長，你怎麼看這個名字那麼久？你欠他錢喔？」我問。

老學長說：「呸呸呸，我欠的人多著呢，就是不欠他。當年我跑路的時候，他要借我錢，我還不收。」

我：「所以你是跟他有過節……」

老學長：「什麼過節！是善緣。這傢伙從小跟我打架打到大的。小時候我們什麼都爭，功課爭，帶來的便當菜色也爭，班上的人緣爭，連追女孩也爭。別看我現在邋遢成這樣，以前我可帥的呢。」

老學長說著試圖展現肌肉，手臂一出，但可能太早了，肌肉還在睡，贅肉卻很給面子地出來搖兩下見客。

我一臉感嘆學長、讚嘆學長的樣子。他一得意，摸摸絡腮鬍，整理一下思緒，跟我說了一個故事。

●●●

他家的環境比我家好一些，有農舍、養雞鴨。我家雖然沒錢，但是我很努力。那時候有努力、肯存錢，就可以出頭。

我們同時看上一塊土地，都想投資蓋工廠，終究還是我手上的現金多，出手快，比他先買了下來。他氣得牙癢癢，卻又莫可奈何。小胖呀，你應該可以了解這種贏人的感覺，很爽。贏老對頭的感覺，更是超級爽！

那時每當大家聚會，都會提起這件事，我也總是裝不經意地酸他。唉，回想那時候的我，還真的很討人厭。

後來我混得很慘，因為老婆愛賭，把我所有身家都輸掉了。記得我要賣工廠的時候，去拜託他。哈！他的表情可精采的，還趁火打劫一番。那時我急著套現跑路，只能接受，真是把當年笑他的又輸回去了。

可是後來不曉得他從哪邊聽說我真的遇到很大的困難，主動來問要不要幫我一點。賣地產給他可以，跟他借錢我卻怎麼也拉不下臉。不是愛面子，是怕自己根本還不出來，這樣更慘。

從那時候到現在，我們好幾十年沒聯絡了……

老學長每次說到跑路的故事，總是會沉思一下。或許在思考若他還是那個開名車的老闆有多好；或許在思考當初若阻止老婆賭博，現在會不會不一樣。

或許或許……再怎麼或許，等等還是要工作的。

往事要是只能回味，那就不要花太多時間回味吧。早點醒醒，面對現實，畢竟生活還是要過呀。

老學長繼續說——

所以呀，等你老了就會發現哪有什麼過節或恩怨。到這邊工作以後，我把恩人裝進罐子裡，也把討厭的人裝進罐子裡。只要是送過來的人，都把他們裝罐。

有一次，裝到一位大哥。以前他跟我很好，當年我跑路一年多，決定出來面對，他幫我約了所有債主喬債，大家也是看在他的面子，幫我打折。他曾豪氣地跟我說：「要是他們對你逼得太急，你來找我，我活著就幫你處理。」結果不到五年，他就躺著被送進來。幫他裝罐的時候，我哭得跟他的家人一樣難過，因為我的靠山倒了！

有一次裝到債主，我老婆欠了他不少錢。幫他裝罐的時候，我也哭得跟他的家人一樣，因為他們全家都不認識我，我想沒人會再找我要那筆錢了，喜極而泣呀！

所以在我們這最末端，一切只剩下善緣。不會因為我和他特別好，就像裝樂高一樣幫他拼得整整齊齊；也不會因為跟他不好，裝的時候偷吐他口水。

大家都一樣，大家都是骨頭，能經由我的手送他們走，就是善緣。以後你裝到你朋友，就會知道了。

●●●

嗯……

假如真的在這裡遇到欺負過我的人，或是以前那些債主，我可以像老學長這樣嗎？

當對方化成了灰，那些過節，我該不該記得呢？

身為天蠍座的我還在修這門功課。

旁觀者

躺在遠遠的棺木裡面，似乎一切都跟她沒了關係。

由於新冠狀病毒（COVID-19）疫情的關係，我們多了一項工作，就是在納骨塔前擺張桌子，為要進塔拜拜的人量體溫、做實名制登錄。

這天輪到我支援，我開開心心地守著桌子，偶有路人經過，聽見他們竊竊私語：

「這個人在這邊幹麼？」

「不知道欸。在納骨塔前面擺攤，說不定是建商帶看房子的吧。」

嗯，我也在想是不是要弄一塊牌子，寫**「自備××萬住納骨塔」**之類的。

塔旁邊是免費的靈位室，提供給沒租單間擺放靈位的家屬使用，眾人的牌位放置在同一個房間，有張小桌子放供品。

我吃著早餐，看著人來人往。有一早就來幫往生者換水的，有人一早就來摺紙蓮花，有人匆匆來匆匆去，還有人看起來是自備零食，打算在這裡陪亡者一天。

靈位室門口來了兩個弟弟，年紀不大，似乎還在讀書。比較大的問弟弟說：「等等誰要抱姊姊？」

弟弟不答話。

哥哥沉默一下，說：「好，沒關係，我來就好。」

於是兩人進去靈位室，過了一會，抱著一張照片和牌位，拿著魂幡，就那樣走出靈位室。

我一看大驚。通常不是要請師父來做個儀式，才能把這些東西拿走嗎？這兩個小孩怎麼這樣直接拿，該不會是新業者的阿弟仔吧？還是葬儀社老闆竟然懶成這樣，直接叫家屬來拿？太誇張了！

我正疑惑時，葬儀社老闆出現了。一見小兄弟倆就說：「你們還真的自己來拿！真的不請師父嗎？請個師父啦，不然等等你們得自己去火葬場喔。我跟你講啦，該有的儀式要有，你們這樣什麼都自己來，以後要是出了什麼事情，我可不管。」

哥哥苦笑著對老闆說：「老闆，不用了，我們自己來就好。」

老闆搖搖頭，嘆了口氣。「唉，隨便你們。先把照片拿去冰庫那邊，等等我們直接從冰庫把你姊姊推去火葬場。那你們兩人，等等誰拿照片和牌位呀？」

哥哥想了想，跟老闆說：「老闆，你等我一下，我打個電話。」

●●●

在等小兄弟倆給回覆的時候，我吃著早餐，和老闆閒聊起來。

「這家子滿狂的欸，直接就把牌位拿起來，也不請個師父唸一下經。現在的人都這樣辦的喲？」我問。

老闆苦笑著說：「唉，這種亂七八糟、有頭沒尾的，以前我才不辦咧。送進來的時候，兩兄弟湊出錢立了牌位，誰知道後來就沒錢了。早晚的拜飯，都是去買早餐店或是便當店的，拜完姊姊後，直接在外面吃掉。」

我看看老闆，再看看手上的早餐。

「他們姊姊也可憐，跳樓當小飛俠的。爸爸喝酒喝到不能工作，兩個弟弟還在讀書，她高中沒念完就出來打工。唉！年輕人哪，算是會照顧家裡，沒跑掉就不錯了。誰知道過年前，來這麼一齣，也算跑得徹底，那些討債的再也找不到她要債了。我也是看他們可憐，這件我真的只賺工錢。」

老闆像是終於找到人一吐為快。

「前幾天，我問他們要不要招魂，他弟弟立刻回說：『不要。我覺得我姊姊不想再回來這個家了。』我做葬儀十多年，聽到這句話，還是覺得很心酸呀……」

我一樣吃著早餐，不知為何，嘴巴裡有股酸澀味。

真的，假如沒錢，儀式什麼的也沒那麼重要了。

有時候覺得很奇怪：有些人就是沒錢辦喪事；而有些人光是一個罐子，或是燒掉的紙錢、紙房子，就夠一般人辦一場喪事。

●●●

遠遠地，有位中年大哥騎車過來。停好車後，他朝弟弟揮手，兩人似乎不太理他。

中年人剛走來就劈頭對哥哥大聲說：「哪有爸爸來送女兒的，你還叫我推棺木！」

哥哥正要開口，原本都沉默的弟弟突然激動大喊：「錢來呀！有錢我們幹麼要自己做！有錢姊姊為什麼要自殺！有錢我們現在就不會在這邊了！錢呢？就姊姊一個人賺錢而已，你在幹麼？你拿錢出來呀！快拿錢出來呀！」

爸爸往前，直接對著臉上給他個五百，將弟弟打在地上，哥哥衝上前推開爸爸。

一家三口就這樣吵了起來。

姊姊躺在遠遠的棺木裡面，似乎一切都跟她沒了關係。葬儀社大哥搖搖頭，過去勸架，跟他們說：「等等我看幾個阿弟仔有沒有空來做義工好了，不要這樣鬧。」

在一旁的我，望著那還沒推出來的棺木，心想姊姊應該很慶幸自己不用再陷入這片泥淖吧。或許她也像我一樣，吃著早餐在看戲呢。

●●●

原以為在火葬場，火化的是一具遺體，而該往前的是靈魂，要輪迴到下一段生命。

但是呀，現在常常看到棺木被推入火葬場，燒毀的是一個家庭，該往前的是剩下的人，要邁進到下一段旅程。而姊姊燒完之後，這個家還在嗎？

我只想對這兩個弟弟說：你們要加油啊！

白膠

封了罐，就再也不會打開了。

將骨頭完全裝入罐裡之後，我們會用白膠把罐子封起來，叫做「封罐」。為什麼要用白膠？一方面是為了要對齊，不讓罐子和上蓋的位置跑掉。另一方面，就是不會再打開了。

●●●

某天，有位禮儀師來撿骨室等家屬。見我端著剛冷卻好的骨頭，他說：「啊啊等等，我想看一下這個人的骨頭顏色有沒有跟別人不一樣。」

我滿臉問號地望著他。

「這是我國中同學啦，從國中時就吸毒。以前他家裡有錢呀，都是用高檔貨，後來越玩越窮，他老爸被他吸乾了氣死，幾個兄弟也都不跟他往來。」他接下去說：「不過，也算是一個上進的毒蟲。他當清潔工，不偷不搶，賺到的錢假如省吃儉用，還可以用好一點的毒品，落魄時就吸膠，在我們那邊很有名啦。」

「那怎麼會來這裡？」我問。

「他呀，前幾天工作完回到公司宿舍，突然全身抽搐，口吐白沫。他老闆一看不對，趕忙把他載到附近他大哥家門口丟包。他大嫂聽到有動靜，開門沒看到人，低頭卻看到小叔躺在地上。送醫院來不及了，就找上我這個老同學。他們兄弟姊妹人很多，最後衰到大哥，都是他在處理，要求一切都用最簡單的。等等就是他來撿骨。」

禮儀師望著骨頭，說：「我只是想看看，這種吸一輩子的，骨頭會不會五顏六色呀？」

我看看眼前的這些骨頭，很一般，沒什麼異狀。

這時，一個胖胖的中年男子走進來，應該就是大哥。

禮儀師先將骨灰罐拿給他，要確認罐上的生歿年，他看也不看就點頭表示沒問題。

再將筷子拿給他，請他喊弟弟入新居，他只是搖搖頭，說句：「這個你們直接來就好。」

撿骨到一半，禮儀師注意到往生者身上有些鋼釘，對大哥說：「大哥，你弟開過不少刀吼，骨頭裡有不少釘子，等等我請撿骨師幫你挑掉。」

大哥回說：「我不知道他有沒有動過手術欸，三十多年沒聯絡了。以前他成天在外頭鬼混，後來捅了那麼大的婁子，誰還想跟他聯絡。最後的死活，還是等他躺在我家門口才知道。唉，有夠倒楣的！那天我老婆跟我說他倒在我們家門口，快死了，我心中一股氣衝上來，差點和他一起走！」

大哥越講越激動。

「你們知道嗎？當年這條街有一半是我們家的！結果被這傢伙又毒又賭的全敗

掉，老爸也被他氣死。看他現在落魄到這樣。誰知道他身上有沒有釘子呀！別說釘子，他身上不管出現什麼我都不會驚訝。你們專業的，直接幫他挑掉就好。」

過了一會兒，禮儀師看到骨頭上像有結晶物，又對大哥說：「哇！不得了，大哥，你弟弟的骨頭上有結晶，這個叫舍利花，很少見。你要不要看看？」

剛說不驚訝的大哥訝異地搖搖手。

「我弟這種人還能燒出舍利什麼的嗎？太誇張了。不是都說修行的人才有嗎？最好是有啦！反正都是骨頭，你們專業的處理就好，不用跟我說。」

說著，大哥感嘆起來。

「不過，他從小就身體不錯，我們四兄弟都被他打過。他全身刺龍刺鳳的，從來不把我當哥哥，最後快死了才被丟在我家門口。唉，這真是我這輩子第一次有當他哥的樣子。兄弟、兄弟，只有到了這一刻，才叫兄弟嗎？……算了，再衰，就衰這最後一次了。」

最後封膠的時候，大哥好奇地問我：「你塗這個是什麼東西呀？」

我回答：「白膠。」

大哥說：「唉……禮儀師問過我弟弟生前最喜歡什麼東西，我左思右想答不出來。反正他那麼愛吸膠，可以麻煩你多幫他塗一點嗎？」

……

大哥你要多關心你弟呀！他吸的是強力膠，不是白膠！

雖然我心裡這樣想，但還是照著大哥的意思，給了滿滿的白膠。

●●●

直到最後完滿地裝好了罐子，禮儀師很感慨地說：「唉，看不出你們兄弟平常感情沒很好，到最後你還願意來送他一程。你知道嗎？有些感情不好的兄弟就乾脆不到場，寫委託書叫我們來，真的是叭……」

大哥大吃一驚。

「靠夭！可以不來那麼重要的事情，你為什麼不早說？早知道我就不來了，氣死！」

呃……看著罐上滿滿緊黏的白膠，我想這是最後一次，他不會再給你添麻煩了。

鈴鐺

有時候一個人走了，是可以替他、也替自己感到開心的。

整個裝罐的學習過程中，我覺得最難的就是「包黃巾」。

我從小就很不擅長打結，腳上的鞋帶常鬆掉。但老學長特別叮嚀我：「打這個巾是不能鬆的。很多禮儀師會一手在上抓著結，一手在下扶著罐子，要是手一滑、結鬆了，罐子就掉了。所以結一定要綁緊。打好結之後，我都習慣向往生者鞠躬致意，希望他一路好走。」

剛到火葬場時，我想另外找時間練包罐子，卻不知道拿什麼來練習。幾乎每個學長都問我：「你家沒罐子嗎？」

剛聽到這句問話，我大吃一驚。原來大家的家裡都有骨灰罐？難道骨灰罐是一般家庭的標配嗎？為什麼我沒有？我很奇怪嗎？

後來才曉得有些學長是在這行做久了，買了生前契約，早就挑好罐子；有時則是葬儀社刻錯名字、不能用的罐子留在這邊，可以拿來練習。

所以包罐子不但是我們的必學技能，而且一定要包得穩。

●●●

這天，來撿骨的家屬是一群中老年人，往生者是他們的母親。

照平常的程序：我確認骨頭冷卻後，由禮儀師帶家屬進撿骨室，請家屬核對進火化爐牌子上的姓名與爐號，然後，等待家屬一人放一塊骨頭、請媽媽「入新房」，我才出來把剩下的骨頭撿進罐裡。

就在我撿的時候，一位婦人嘆氣說：

「唉，時間很快，一轉眼，婆婆就火化了。她走了快兩週。以前我常常想，以後要是婆婆走了，我一定要給自己放一段長假，誰知道她真的走了，我卻不知道該如何適應不再照顧她的日子。

「早上，我還是習慣去她常去的公園晒太陽。晚上照樣習慣煮稀飯，弄一些好吞嚥的肉。半夜一樣驚醒，怕她一個人上廁所，有沒有開燈、會不會跌倒。在家也老想著打開照護監視器，看看她的狀況。

「現在這些都不用做了。但已經十多年了，還真不習慣。」

有位先生回應：「大嫂，你辛苦了。這幾年，媽給你照顧得很好，我們都沒有出什麼力，真的不好意思。媽雖然失智，但還是把你當女兒看，跟你感情最好，可惜病情越來越嚴重。倒是你常常得容忍她的脾氣，真的不容易呀。」

婦人接著說：「你大哥走前，握著我的手對我說，一定要好好照顧媽。我既然答應了，就不覺得辛苦。我也沒那麼偉大啦！媽還在的時候，我常半夜夢到她走掉了，醒來全身是冷汗，心裡卻不知道該難過，還是該開心。」

其餘家屬靜靜聽大嫂說著，沒表示意見。或許是他們也能體會這種感覺，畢竟家裡有人生了病，沒人能夠置身事外吧。

我聽到這番話，則是真的很有感覺。做照護者久了，實在不確定若生病的親人哪天突然走了，自己的心情是難過多點，還是開心多點。

聽起來像是大逆不道，但其實有時候一個人走了，是可以替他、也替自己感到開心的。為什麼一個人離開，總是讓在世者留下悲傷的情緒呢？在人世間活著卻生病；在罐裡靜靜待著卻沒病痛……有時想想，放手不見得是壞事。

裝罐裝到一半，婦人突然拿出一個鈴鐺，對我說：「師父，等等可以幫我把鈴鐺放進去嗎？」

我點點頭。

旁邊有個男子笑著說：「嫂子，這個鈴鐺不用了吧。這是怕媽晚上自己去廁所危險，你替她做的吧？現在媽沒病沒痛了啦，不會跌到，也不用怕她不會走路，用不著了。倒是你要不要留下來做紀念？」

婦人搖搖頭。「或許媽用不到了，但我還是怕她不習慣，帶著也好。我雖然很愛媽媽，但是我希望留下來可以回憶的，都是她還好好的時候，我跟她出門玩的照片，而不是她生病時，放在她身上的東西。我希望有一天睡醒，就忘了那段照顧人的日子，而不是留在心裡，揮之不去……」

突然間，似乎有些灰跑到我的眼睛裡。

包完罐子，我向往生者一鞠躬。
希望您一路好走。

也回頭向照顧她的人一鞠躬。
希望你們可以拿回那屬於你們的自由。

燒個夢想

燒的是一段段的遺憾？還是贖罪券？

人一生有很多的物質願望，想要賺大錢，想要住豪宅，想要開名車，但成功的人往往不多。所以想歸想，終究只是個願望。

但是我想大家在開玩笑的時候，都還是會來一句：

「想要什麼，我燒給你。」

我們每天都是這樣看著別人燒庫錢。

房子要獨棟的透天洋房，屋外有狗狗，車子從賓士起跳，瑪莎拉蒂和重機也不能少。手機一定要 iPhone，你要別家的還比較貴，因為其他廠牌得另外製作。要燒麻將桌，還要燒去三個牌搭子。

某次，紙紮店老闆送來一張麻將桌，桌旁坐了三個牌咖。我告訴老闆：「你這樣，生意會不好。」

老闆聽了，眉頭一皺，問我此話何解。

我說：「你那三個牌咖不能笑，笑咪咪代表贏錢。一定要看起來衰衰的，或是臉上愁眉苦臉的，這樣往生者才歡喜。」

紙紮店老闆想了想，覺得還滿有道理的。希望他可以把我的理念發揚光大。

看著看著，其實大家的夢想都大同小異。

有沒有什麼特別的呢？

●●●

有一組家屬將要在送往生者進火爐後，來燒庫錢，所以葬儀社先派一個弟弟來做準備。弟弟準備了兩張椅子、兩棟洋房，其他的物品也都是各兩份。我好奇地問他為什麼都要兩份。

他說：「這個喔，媳婦和婆婆一起燒炭啦。聽說她們年輕的時候不太對盤，後來，公公先走了，過了五年，獨生子也走了。家裡就剩兩個寡婦，好像相處得越來越融洽。但是婆婆生病了，媳婦一直在照顧婆婆，最後只留下一封遺書，兩人一起燒炭了。」

我又問：「咦？那喪事是誰出錢辦的？」

弟弟回答：「媳婦的娘家。」

我有點訝異。「媳婦的娘家連她婆婆的一起辦？」

弟弟說：「媳婦的娘家滿有錢的，我們這場賺得不少。看他們派頭不小，也不囉嗦，紙紮全都買兩份，而且什麼都有。只是我覺得奇怪，既然那麼有錢，怎麼生前不幫忙，死後燒那麼多東西有用嗎？」

我白他一眼。「你們家是賣紙紮的，還問我燒那麼多有用嗎。」

細看兩棟洋房，才發現房子裡的傭人也太多了吧。滿滿的傭人呀！

我滿臉疑問地望著葬儀社弟弟，他說：「這就跟遺書有關了。遺書是媳婦寫的，內容充滿心酸哪，我記得一清二楚。」

我從嫁來這個家，任勞任怨。照顧過公公、老公，然後是照顧婆婆。
我真的很累，連去工作都沒辦法，終於到了把所有錢花光的這天。
這次，我盡了來這邊的最後一分力，我帶媽一起走。媽是我唯一的親人，我不希望我走了以後，她餓死在床上。
我們一起走。

哥，對不起，做妹妹的很少開口求你。
希望我走後，你多燒幾個傭人給我。我真的好累，真的好累。
也燒幾個傭人給我婆婆，我對不起她。

然後，我們不要住在一起。幫我們一人燒一棟房子。
拜託了，哥。

葬儀社弟弟說完，嘆了一口氣。
「這些話，生前早該說了。死後才要燒東西，真不知道在想什麼。早點找家人一起想辦法，好好處理，說不定這件喪事的錢不用那麼早花。」

我苦笑一下，心裡想：哪有那麼簡單……

●●●

隨著師父的鈴鐺聲響起，家屬來了。

「妹妹來領房子……妹妹來領車子……妹妹來領紙錢、元寶……」「親家來領房子……親家來領車子……親家來領紙錢……」

火爐，就像是實現夢想的機器，各式各樣的物品被丟進去；而或許在世界的另一端，有人收到了……

會不會也收到了紙做的房子呢？

●●●

師父請家屬擲筊，大約擲了十次，卻始終擲不出聖筊。媳婦的哥哥嘆了一口氣。

「妹呀，你還是像生前一樣，有問題不講，給你錢也不要。現在你走了，我們燒了那麼多東西給你，你有沒有收到，也要跟我們說一下。不要像小時候一樣任性了。」

又擲了幾次，還是沒有。哥哥再唸了幾次，才終於出現聖筊。

我認為擲筊是機率問題，但那位媳婦的心情，我可以理解。以前我媽有委屈，從不會讓娘家知道；我外婆明明曉得我們家的狀況，但從來都不是聽我媽說的。

最後，一人燒一棟房子，大家都自由。我也想要以後像一陣風一樣撒在生命園區，不願走了之後還得進祖塔，和我父親住在一起。

「你怎麼不開口？你開口，我一定幫你呀。大家都在等你開口。你要說出來，才可以解決問題呀。為什麼你要這麼傻？……」

在火葬場，對往生者感慨地說所有問題都可以解決的親戚——為何對方不說出內心最深處的話？

因為這樣不拖累你們的結果，或許才是最好的結果。

對著火爐，丟進一些夢想，再想像著另外一個世界，親人可以收得到，這樣就好了吧。

至於燒的究竟是別墅、名車？是一段段的遺憾？還是贖罪券？……也許燒的人自己也不想知道吧。

公平的樣子

代號：N號爐。

老學長很喜歡看棺木破開，看見遺體的那一刻，他告訴我，這叫做「公平的樣子」。

第一次看到所謂公平的樣子，滋味其實不大好受。

火來了，快跑

棺木破開後，就是一團黑肉。由於棺木進火化爐，都是頭部先進，所以我們在後台打開檢視孔時，看到的就是一雙將要熔化的眼睛在注視著你。然後伴隨著每十分鐘看一次，會發現那團黑肉，越來越小，越來越小，到最後只剩下骨頭，就代表我們的工作完美結束。

當我們按下控制台上的冷卻鍵，代表著往生者將以一種家屬無法想像的樣貌，出現在他們面前。也因此，家屬們難免有很多疑問。

「師父，我爸有舍利子嗎？」

「師父，為什麼我爸的頭變成那麼長？」

「師父，我爸生前很聰明，他的頭有比較漂亮、堅硬嗎？」

「師父，我爸常常運動，他的骨頭有不一樣嗎？」

「師父……」

然而對我們來說，卻沒有太大的不同。每一位往生者進來，我們後台都不知道他是誰、叫什麼名字，也不曉得他的家屬多不多，他做過什麼事情、成就有多高。

他就只有一個代號：**N號爐**。

「一號爐的骨架看起來不大，應該很好燒。」

「二號爐的體型太大，應該會燒滿久的。」

「咦？三號爐的沒有棺木。啊，那是起掘起來要來火化的蔭屍。」

後台的眼中，只有代號。也就是老學長告訴我們的「公平的樣子」。每位往生者進爐後的溫度都一樣。無論原本是高矮胖瘦、顏值高低、棺木好壞、陪葬物多少，等到我們將冷卻鍵按下去的那一刻，都是白骨，都長得一樣，沒有什麼不同。

●●●

某天，我輪班控制火爐。空檔時，午餐來了，便請學長支援顧一下，我去前台拿餐。

到了前台，看見多輛遊覽車陸續駛入，下來的人不得了，都是肩膀上有東西的：有花，有星星，一個比一個耀眼。接著是好幾輛靈車開進來。

我想到前陣子的那則新聞，心裡有了底。

回到後台，跟老學長說：「等等會來幾位國軍英雄欸。」

老學長反問：「那又如何？」

「我希望能夠多幫他們一點。覺得他們好可憐喔。」

老學長再反說：「你能如何？」我愣了一下，說不出話。

老學長帶著我看過每一座火爐，接著對我說：

「你能怎麼做？送進來的，每個都長得一樣，每個都是公平的，每個的火化時間都差不多。你能怎麼幫？你看得出哪一具是國軍英雄，哪一具十惡不赦嗎？

「不能！管他曾經做過什麼，我們的工作就是讓他燒乾淨後出去。我也燒過不少死刑犯，我會讓他留一塊肉出去嗎？

「不會！因為這是我們的工作。每個人出去，只有白骨，就連你自己的家人有一天送過來了，也是一樣，你我是沒辦法幫他多做些什麼的……」

那一天，我們忙著工作，我沒再想其他的，不知道後來他們進了幾號爐，也不知道我燒的是哪些人。老學長說得很對，我們的工作就是如此。

一具一具在外面喊著火來了快跑，我們一具一具在裡面讓肉身化光。

去前台裝水時，看到一位肩上有星星的在前領隊，後面跟著家屬來撿骨。

回到後台，我又問老學長：「為什麼來為親人撿骨，是軍官在前，而家屬在後呀？」

老學長正色答道：「因為他們為國捐軀，這是最高榮譽。」

我問：「要是你燒到一半走了，你希望來看你的是你家人，還是老闆帶著你家人？」

老學長說：「當……當然是老闆帶領著我家人呀！這麼榮譽，我們一年一簽欸！」

看著老學長的樣子，我突然也覺得這樣好榮譽。

火化爐裡面的已經遠離塵世，無所欲求。而還沒進火化爐的，卻汲汲營營在這社會上。

燒得了肉身。

燒不了身外之事。

火來了，快跑

敲破

到底是要敲破罐子？還是敲破約束？

我們這裡有一項不另外收費的特別服務，就是「換罐」。所謂換罐，例如以前有些人用大甕裝骨頭，後來因為要進入新的塔，便來換成小罐子；或是原本放在納骨塔內，後來由於種種原因而決定變成另外一種形式，像是樹葬或海葬，就會來請我們把原本的骨灰罐打破，將骨頭研磨成粉。

但這不表示只要拿罐子過來，我們就會幫忙處理，還是必須先申請一些文件、簽切結書才可以。畢竟往生者對於睡哪裡可能比較沒意見，倒是活著的人對於往生者該睡哪裡，意見不少，包括塔位的座向、罐子的品質和外觀等。

比如，內膽要帝寶。

所謂的「內膽」就是罐子裡面多加一層金屬，一般是銀色或金色。現在有許多人則放豪宅的照片，或許是想，雖然沒辦法讓先人在生前入住帝寶，死後就用這種方式完成他的願望吧。

有一次，家屬中的小孩看著罐裡的豪宅照片，問：「爸爸，為什麼罐子裡面有我們家的相片？」

爸爸回答：「因為這樣爺爺住得比較習慣呀！」

呃……所以這也適合原本就住豪宅的人啦。

●●●

某天，有位女士帶了一個骨灰罐來，請我們將裡面的骨頭研磨成粉。

我覺得她有點眼熟，卻又不敢問。畢竟在這邊問人「我好像看過你……是不是最近有來過呀」，肯定會被老闆砍頭。

所以我默默地看著文件，發現火化日期就在前幾天。真的是她。

於是我鼓起勇氣問：「呃，請問這是前幾天火化的嗎？」

她愣了一下，說：「是呀……啊，你是當初幫我媽媽撿骨的大哥！」

我點點頭，說：「是呀。怎麼才封完罐子，現在就來換呀？」

她苦笑。「唉，這就說來話長了。我媽生前說過，她想要灑葬，撒在生命園區。但是我舅舅覺得既然嫁來我們家，當然應該住進我家的祖塔。我老爸的意思也是這樣，說假如不放祖塔，他走後，我媽就不能照顧他，還說我媽要先下去照顧公婆，所以一定要放塔。所以我媽走了之後，他們就擅自改成要晉塔。」

我聽了也笑出來。

●●●

我家也有個家族塔位。我爺爺很重視塔位，認為方向一定要對、不能面對牆壁，還有，一定要面山面水，以後才有風景可以看。

傳統家族就是這樣：我大妹出嫁了，以後住夫家，所以祖塔沒她的位置；我小妹還沒嫁，祖塔同樣沒她的位置，因為以後住姑娘廟。

我媽則是個異數。她和我爸雖然在法律上離婚了，可是老爸生病後，她無條件地照顧，直到他離開。爺爺每次看到她，都很開心地對她說：「雖然你們離婚了，但是我們家的祖塔一定有你的位置。」

老媽總是笑笑地回答：「很好，很好。」

私底下，她卻告訴我們，這輩子照顧我老爸那麼久，叫她走後再去塔裡生活在一起，她才不願意。她決定以後也要樹葬。我舉雙手雙腳贊成，一定會替她實現。許多老兵也都不願放在軍塔。想想，一輩子當兵都被階級壓得死死的，好不容易混到可以問別人第幾梯的，等到往生後入軍塔，卻還得被問是第幾梯的，怎麼想也不會瞑目。

●●●

「後來呢？怎麼又改成來研磨？」回過神來，我問這位小姐。

「後來就奇了。就在我媽被裝入罐子後，我舅舅和爸爸一直夢到她去找他們大吵，而且夢境都差不多。本來我媽在暫厝的，後來還是決定打破，改成研磨。」

我聽了，將白布蓋上骨灰罐，拿起槌子，用力敲了一下。

是要敲破罐子？還是敲破約束？裡面的人會不會知道呢？

希望她可以來告訴……呃……還是不要來告訴我好了。

放手

喪禮的目的，始終是要撫慰人心的。

這天不是民俗日，就是俗稱的「小日子」。小日子有個好處，來火化的人不多，我們比較有時間休息。但是，來研磨的很多。或許會選擇非民俗日的家屬也不太在意傳統儀式，所以要灑葬的不少。

一位小姐來撿骨，往生者是她母親，在今日火化，要研磨成粉。特別的是，她還帶了另外一個罐子。

「這一罐是我弟，他在十四歲那年，溺水走了，這一直是我們家的一個遺憾。我覺得我媽過了三十多年，還走不太出來。那時，我們全家去河邊烤肉，幫我媽媽慶生，誰知道弟弟貪玩，跑到水深的地方……然後我這輩子就沒看過他了。

「每年我媽生日時，都很難過。逢年過節，桌上會多一個紅包，多一副碗筷。

「我媽常說等她走了，希望能和我弟一起灑葬，讓他們兩人好好地再出遊一次。所以麻煩師父幫忙把我媽研磨成粉，我弟弟也麻煩您了。」

我和老學長看了看她帶來的文件和兩個骨灰罈，點了點頭。

●●●

先幫母親研磨。

研磨很簡單，就是將骨頭放入研磨機。

放進去之前，要用大磁鐵吸吸看骨頭上有沒有鐵屑。有時，骨頭會沾黏一些棺木上的釘子，或是陪葬物的鐵製品，如果不挑出來，可能會卡到機器，也可能當機器運轉到一半，小鐵屑會彈出來打到周圍的人，很危險。

還有一個物品也常常會卡在機器裡，就是牙齒。牙齒真的很堅固。所以無論從民俗觀點或實務觀點，我們都會告訴家屬，牙齒會拔掉。

接下來，便請家屬在外面稍等。因為燒出來的骨頭有些太大了，放不進研磨機裡，我們必須拿小磚頭將骨頭敲碎，因此得請家屬先迴避。

母親的骨頭研磨完畢，還有弟弟的骨灰罐要處理。

骨灰罐上是一張黑白照片，男孩穿著學校制服，生於民國六十多年，歿於民國七十多年，很短暫的過客。如今，我們要幫他換房子。

我來火葬場後，還沒有打開過骨灰罐，老學長也趁著這次做示範。他觀察了一番，說：「這個罐子是用白膠黏的，在以前算很難得，我還看過用膠帶貼的呢。小胖，去拿一字起子。」

他拿起子用力撬著罐蓋隙縫，可是撬不開。

「小胖，去拿一條布和一把槌子。」

我嚇了一跳，問：「直接敲破嗎？」

他點點頭。「只能這樣了。」

他先用布圍住罐子，因為這樣不容易割到手，接著就準備敲下去。

我忍不住問：「你就這樣敲破，不用跟他說對不起之類的嗎？」

老學長白我一眼，說：「你有看過政府人員去拆別人家，雙手合十說對不起嗎？」

啊，想想也對。

老學長的眼神往外一抖，我看到這眼神，就跑到外面和家屬一起站著，深怕他敲得太大力，罐子碎片彈出來刺到我們。

家屬很緊張，畢竟傳統觀念根深柢固，無論是拆別人的房子，還是自己家人的罐子，總是會覺得不習慣。

背對著我們的老學長，手緩緩舉高，似乎氣凝丹田，接著用力捶打在骨灰罐上。

身後傳來罐子破掉的聲音，和一聲**男性的悶哼**。

咦？怎麼會有男性的悶哼呢？

會不會是驚動到罐裡那沉睡的往生者呢？

我和家屬驚訝地互望。我問：「這是你弟的聲音嗎？」

她回：「不……不可能呀！應……該不是吧，怎麼可能？」

於是我走向老學長，仔細一看——

哇，老學長不愧是老學長，那麼用力打到自己的手才悶哼一聲而已，而且很專業地不叫出來。

他背對著我們，假裝慢條斯理地整理東西，其實一直在搓手，果然專業。

所以拆別人家一定要說對不起呀。你看，現世報馬上就來。

●●●

那位小姐帶著母親和弟弟的骨灰走了。

我跟老學長說：「我覺得那個媽媽很重感情欸，真是浪漫，就連走之前都還念念不忘母子的緣分，如今總算圓滿了。」

老學長搓了搓還在痛的手，低聲說：「你不覺得這樣很可怕嗎？」

「可怕？怎麼會呢？」

「人各有命，生離死別總難免，學會放下是一門必修的學問。三十多年了，都還沒放下，這有多累。再說，有人問過弟弟要不要和母親一起葬嗎？還是他就想好好地待在罐子裡呢？又或者人家早就投胎了呢？有沒有可能，因為媽媽這樣的思念讓他無法投胎呢？還可能……」

隨著老學長的碎唸，我沉默了。

喪禮的目的始終是要撫慰人心的——不管是還在世的，又或者是帶著遺願，幻想活著時那些完成不了的，都需要被撫慰。

學不會放手，就只能這樣任性下去。

有沒有用呢？

我想，應該沒有人知道吧。

直撿

直接撿骨，沒有家屬，孤單地走。

這天是聯合公祭的日子。聯合公祭都選在小日子，所以火葬場沒有那麼忙碌。聯合公祭的撿骨，大概有一半以上是要樹葬或海葬，而且家屬都不會出現，申請人都是社會局。一般來說就是叫我們直接磨好，他們直接來拿，我們叫做「直磨」。另一部分裝罐的也不一定會有家屬到，都是要我們直接撿好，我們叫做「直撿」。字面上的意思十分簡單。但是，這裡面的故事往往沒有那麼簡單。

某次，參加聯合公祭的一對兄妹等父親火化完，要來撿骨。禮儀師告訴他們，因為他們還沒看好塔位，可以把爸爸的骨灰放到臨時的寄骨室，逢年過節時來祭拜。

妹妹問：「請問我們是要都來拜，還是兒子來就好？」

禮儀師說：「都可以呀。可以一起來，也可以兒子來，或是女兒來。」

妹妹對哥哥說：「哥，我看這樣，要不之後你來拜好了，我都嫁人了。」

哥哥回：「你怎麼這樣講！你嫁的時候，老爸還給你嫁妝吧？而我呢？老爸每次有事都找我要錢，遺產我一毛都沒拿到，還得去辦拋棄繼承。爸就只有我們兩個小孩，要麼一起拜，要麼都不要拜！」

兩人吵著吵著，突然禮儀師神來一筆，說：「那個……要不要海葬呀？不用花錢買塔位，然後兩位想爸爸的時候，去海邊緬懷一下就好，不用準備什麼東西，很方便的。」

兩人聽了一呆，後來想想還真的不錯。

等到這對兄妹倆離開後，我笑著稱讚禮儀師：「厲害喔！這個方案推得好！」

禮儀師說：「唉，與其看他們兩人剪刀石頭布，比誰輸了拜爸爸，倒不如告訴他們一種可以都不用拜的辦法。有些人希望用海葬能讓往生者自由自在，或是因為往生者本來就喜歡大海。但是也有些人其實是不太想拜。」

我問：「你有想過嗎？要是這組他們說爸爸託夢告狀覺得冷，怎麼辦呀？」

禮儀師想起剛剛吵架的兩人，淡淡地回：「放心，他們不會的。他們回家後，說不定作夢都會笑呀……」

●●●

又是聯合公祭的日子，有家葬儀社的大哥剛好也來幫一位往生者進爐。雖然這位往生者不是參加聯合公祭，但是他身旁那些同梯的，都是這場公祭的成員。

看著葬儀社大哥一個人唱著聖歌，喊著往生者的名字，叫他「火來了，快跑」，我們就知道，這位往生者的家屬不會到場。

棺木進爐火化後，葬儀社大哥拿了一個罐子，告訴我們：「等等這位直接撿就好，家屬不會來。」

我看著那個很高級的罐子，要價起碼三十萬，好奇地問他：「沒有家屬，用那麼好的罐子喔？」

大哥說：「不是沒家屬，而是家屬不能來。現在不是少子化嗎？他是獨子、獨孫，完全沒有平輩，家族裡都是長輩，沒有一個人能來送他。他和女朋友分手後就自殺了，還不到二十歲……這是爸媽、爺奶的心頭肉，不是無名屍呀！」

啊？原來是這樣的呀！

燒完後，我負責撿他的骨頭。

看著眼前這潔白的骨頭，一看就知道很年輕、沒病痛，因為是如此的潔白，如此的堅硬。沒想到是以這樣的方式離開。

所謂的白髮人不送黑髮人，或許也好吧？不來送他，也許就不會那麼難過？

只不過，這塊心頭肉，到最後居然跟無名屍一樣，沒人來送呀……

家

寂寞，比死可怕。

殯葬業好做嗎？

我接體時的同事老大，小時候在殯儀館旁邊的學校讀書。他說，那時候這區的葬儀社不多，大概三十多間，而且人力很短缺，常常需要人手打工。但是現在這區有登記的就兩百多間，除了超級大日子需要人力，現在算飽和了。

曾聽業者說，殯葬業越來越難做。他們的客源是戰後嬰兒潮那波，那時候的人也生得比較多。而到現在快七十年，差不多要面臨喪禮了。但是接下來就面臨少子化的衝擊，到時候殯葬必走向兩極：極奢華與極簡約。

有錢的人多少還是相信辦一場好的葬禮，有好的塔位，挑好的日子，可以讓家族運勢延續下去。加上要有排場，讓很多人公祭緬懷，所以高級喪禮還是有市場。

另外一端則可能是獨子、月薪不高，得辦兩位老人家的喪禮，壓力真的滿大的。因此，葬儀社的價位訂在接近勞保喪葬補助的金額，幾萬元辦到好，薄利加減賺。中間價位的喪禮則會越來越少。過去動輒有五、六名手足，每人可以分攤費用，預算較多。若只有一個小孩，加上父母沒留下什麼，真的不好拿出太多錢來辦喪事。

除了戰後嬰兒潮，還有已是黃昏市場的「榮民」。

曾有葬儀社推出「愛國者套餐」，賣得還不錯。其實就是一般的生前契約，只是骨灰罐上有個小國旗，顯得愛國。

還有葬儀社與退輔會合作，只要是單身榮民，就由他們處理。他們常常選擇在小日子出殯，每次都說燒完了，直接撿就好，「反正沒家屬」，然後趕著進行下一場，因為他們家總是在同一天，做三次榮民場。

從他們做生意的眼光看單身榮民殯葬，沒說出「清庫存」這三個會下地獄的字，就算是不錯了。

這家葬儀社的弟弟說過一段話，我聽了很唏噓。

每次我去榮民之家或是國軍醫院，都覺得他們有點慘。這樣莫名其妙地到台灣，有些人的錢被騙光了，有些人到死都是獨身一人，所有的金項鍊和現金都塞在棉被裡面，沒花掉就走了。

緊抓著身上所有的錢，害怕著死亡。活著的時候，捨不得用，怕自己還能再活上二十年，沒錢就完蛋了。死後，那堆錢就放著。真的很慘，沒有一個人可以託付。

我們去接運的單身榮民伯伯，都是往生了好幾天才被人發現。我看過有人留下日記，真不知道那該叫日記還是遺書，寫了很多東西，卻不知道要給誰看，最後還是被當成垃圾清掉。

「沒有家人的人，真的滿慘的。」弟弟以這句話作結。

其實，送單身榮民進火爐的時候，那一聲聲「伯伯，火來了，快跑」，都是葬儀社的人或我們在喊。或許只是例行公事，沒帶一絲哀戚，但是有人為他們喊一聲，總是比較好吧？我們是這樣想的。

又是小日子，葬儀社的弟弟又帶著案子來了。「這一具也是直接撿骨嗎？」我問。他開心地說：「不是喔。這位是有家屬的，他們要來看。」

哇，沒想到他們家竟然做得到有家屬的。

進來撿骨室的是一位六十多歲的婦人，身後跟著幾位兒孫。看到婦人的年紀，我滿訝異的，因為老伯伯看起來起碼九十歲了。

葬儀社弟弟專業地拿起筷子，叫晚輩輪流夾一塊骨頭，請老人家住新房。「平常習慣怎麼叫老人家，就怎麼稱呼他，看你們要叫陳爺爺，還是乾爹，都可以。」

這家人到底是什麼關係？我聽了有點混亂。

兒孫們都望著婦人。她想了一下，說：「隨你們。」

第一位先生想了想，夾起一塊骨頭，喊著：「陳爺爺，入新居喲。」後面的也跟著這樣喊。有趣的是，連他們的小孩都叫往生者「陳爺爺」。

兩代的人對往生者卻是相同稱呼，這畫面滿奇特的。

最後，輪到婦人。她拿起筷子，對著罐子裡面說：「老陳啊，你的願望，我們幫你完成了。你沒有遺憾了，希望你可以順利地去投胎。」

最後，帶頭的先生抱著罐子，經過門口的時候喊了一聲：「爸，過門喲。」婦人的神情有些微妙。

這組家屬究竟是怎麼回事呢？後來，葬儀社弟弟告訴我：「老陳其實是那個婦人的鄰居，和他們家感情很好。她的丈夫走了很久，老陳幫助他們不少，不知不覺地就走在一起。老陳的年紀大了，之後的日子都在婦人的照顧下度過。聽那位先生說，他們小時候常喊他陳爺爺，習慣了，『爸爸』這個詞實在叫不大出口。但是陳爺爺對他們照顧有加，對於稱呼不太在意。陳爺爺在臨走前，還笑著告訴他們：『感謝你們給我一個家。我下去，可以跟同袍們炫耀我有家。』」

眼角有點濕潤。原來在戰場上連生死都不怕的人，老來，怕的是寂寞。

寂寞比死可怕。這句話聽起來很可笑，也很可悲。

回家吧

生容易，活容易，但生活實在太不容易。

趁著小日子，下午請了半天假。以我的工作來說，能請假半天的絕對不是大日子，都是小到不行的日子，我們才能夠請假。

小到不行的日子辦喪事，都是誰要選呢？除了阿門的、不看日子的、聯合公祭而沒得挑的、其他信仰的，還有一種：外籍移工。

我們這邊的殯葬設施價格是這樣的：大日子兩倍，平日正常價，小日子對半。儘管費用落差不小，大日子卻常常爆滿，小日子往往完全沒人要燒。

以我過去擔任接體員的經驗，接體也有旺季。與平日相比，到了年關前，「過不去」而走掉的人比較多，自我了斷的人也比較多。另外在暑假期間，會發生很多小朋友的意外。

接體是沒分大日或小日的，因為閻王要帶人走，從來不挑日子。不過在人走後，家屬多半會請擇日師看日子，有的不只選日子，還要看時辰。好時辰、好日子，總是眾人搶，希望藉此讓家族興盛，代代出狀元，家家買田又買地。

撇開沒有信仰者，其他會選小日子的人，要麼就是沒家屬理會，由政府統一處理；要麼就是沒得挑，只能選最便宜的。外籍移工往往都是沒得選的，所以很常在小日子遇上。

但是，這天不一樣。

●●●

就在我要準備回家的時候，看到室外家屬休息區的桌上，有一個募款箱，上面寫著：**「〇〇工廠〇〇〇病況危急，需要大家的幫忙。」**箱子上還有一排越南文字，我猜應該也是求助的意思吧。

募款箱的後方，擺著一幅遺照。旁邊滿滿的外籍移工神色哀戚，其中有一個女生眼神迷茫。

身為好奇寶寶的我在一旁坐下，很想知道是怎麼回事，但是坐了老半天也聽不懂他們在說什麼。正要走時，聽見有人以中文講電話，等他掛斷，我湊過去問他：「請問我可以拍一下這個募款箱嗎？」他非常訝異，但是點點頭，表示可以。

拍完後，我繼續跟他搭話。「請問這募款箱是？」

他說：「這個弟弟跟我住同一個地方。我來台灣工作很久，賺了很多錢，在越南買了房子，還有車子。弟弟很羡慕。他剛結婚，沒有錢，跟鄰居借了錢，來台灣打拚。

「到了台灣，生病，看醫生很貴。沒有錢不敢看醫生，沒有錢不敢跟人借錢。逃跑的不敢看。生病，發燒，不會走路。住醫院，大家拿錢幫他，來不及，死掉了。」

沒有流暢的中文，只有這些簡單的詞語說出同鄉來台灣追夢的故事。

我嘆口氣。生容易，活容易，但生活實在太不容易。

我準備離開時，他們把募款箱打開了，箱裡有不少錢。他們數了數，大多數交給禮儀公司，而那個茫然的女子拿了剩下的薄薄一疊，眼神又更加茫然了。

我原本想，這些錢全部給遺孀，不是更好嗎？但回頭再看，葬儀社也沒有錯，他們只是做該做的事情、拿該拿的錢而已。殯葬業也要討吃，總不能常常做功德吧。只能再嘆一口氣，心情更加沉重。

沒多久，家屬抱著骨灰罐走出來，說了一句越南話，我聽不懂。但是大家說出來的時候，流著眼淚卻又充滿喜悅。

在一旁掃地的越南阿姨聽見了，抬起頭，眼神羨慕地望著手捧骨灰往外走的同胞。阿姨嫁來台灣後，丈夫中風，她獨自工作並照顧老公和小孩。

「你不用工作了。回家吧！」

阿姨喃喃自語，冒出了這句話。

我再次看看那個骨灰罐，感覺心情不像剛聽到故事時沉重了，轉而開心地替往生者祝福。

是呀，你不用工作了，回家吧……

外帶

哥外帶的，是身為燒烤工作者的驕傲。

來火葬場一段時間了，漸漸習慣了回家時，那個髒兮兮的自己。

工作內容中，有一個項目叫做「掃灰」，顧名思義，就是要把灰掃起來。是什麼樣的灰呢？

這裡用的是舊式火化爐，火化時，我們將一個乾淨的爐台放在機器上，再把棺木推到爐台上，然後一起送進火化爐。等火化完成後，我們將爐台拉到一個房間裡，將上面的骨頭撿出來冷卻，接著把爐台上的棺木碎屑、庫錢殘渣以及陪葬物打掃乾淨，好用於下一組棺木的火化。

火來了，快跑

這就叫做掃灰。

掃灰是最辛苦的工作。

火化的溫度大概是八百到一千兩百度。當火化完成，我們要把骨頭撿出來的時候，爐台的溫度還是很高。尤其遇上大日子，大家都趕時間，沒有太多時間冷卻。剛開始學習掃灰，手常常會被燙到起水泡。假如庫錢放得太多，我們在清掃過程中還會吸入大量灰渣。

下班時，身上常常都是灰。很多人笑我們身上是骨灰，其實不是，那是棺木裡面的灰燼和殘渣。

●●●

我很喜歡一家離家很近的小吃店，每天下班後，都會騎車到小吃店前，跟老闆說：「滷肉飯一碗，豬頭肉一份，蛋花湯，外帶。」然後就坐在摩托車上滑手機，等晚餐。

這天，天氣很熱，傍晚下了班，陽光仍舊熱辣。我又來到這家小吃店，滿身大汗，全身都是灰，臉和頭髮都黑黑的，一樣也是坐在摩托車上點餐。

老闆娘笑著對我說：「阿弟，今天一樣是滷肉飯、豬頭肉和蛋花湯外帶嗎？」

我點點頭。「嗯。」

老闆娘接著說：「阿弟，你每天都外帶欸。今天要不要進來吹冷氣呀？內用有飲料可以喝喔。」

我笑一笑，看看自己全身的灰。腳上的鞋子原本是白色，現在說出來我想都沒人相信。身上靠近肚子那邊，衣服上有一小洞一小洞的，則是因為肚子太大，工作的時候靠太近了，被火燒到。

我真的不好意思內用，跟老闆娘搖搖頭。

老闆娘或許知道我的意思，告訴我：「不要怕。做工的又怎麼樣？裡面有一堆你的工地前輩坐在裡面吃，不用不好意思。來！去裡面喝飲料、吹冷氣。」

這時，剛好有兩位在工地做工的大哥出來裝飲料，聽到老闆娘的話，跟我比個讚，熱情地邀請我進去一起吹冷氣。

老實說，我很感動。常常覺得台灣最美的風景是人，不管是各行各業都不會被看不起。不管是白領，還是像我們一樣做火葬場，大家都可以一起在餐廳吹冷氣，一起吃飯。這樣包容的人情味，就是台灣！

於是我停好機車，走了下來。工地大哥熱情地幫我裝一杯飲料，再幫我拍拍身上的灰，問了我一句：「小弟，你也是做工地的呀！你在做哪個案子呀？」

我：「火葬場。」

大哥停止了拍我身上灰的那隻手。老闆娘的笑容瞬間凝結。

過了三秒鐘，老闆娘：「阿弟，今天一樣滷肉飯、豬頭肉和蛋花湯外帶嗎？」

我：「……沒錯。」

老闆娘：「裡面的飲料也可以裝起來外帶喔。」

我：「嗯。」

一樣的問題，一樣的回答，卻是不一樣的心情。

到底是怎麼了呢？

啊，或許是這世界上，從事殯葬的人員有自己專屬的位置吧！

突然想起同事們常常跟朋友說自己在公所工作，卻鮮少說是火葬場。我想，應該是為善不欲人知吧！

我流著汗騎著車回家，外帶著便當。或許不能內用，但我會勇敢地跟大家說：我就是在你們都覺得可怕的火葬場工作。

因為我以我服務往生者為榮，我還外帶著身為這行的驕傲！

但是我還是希望，我不要外帶服務過的人回家呀……

火來了，快跑

硬頸

原來我天生適合在火葬場工作。

我滿怕熱的，肥肥的身軀加上容易流汗的體質，一想到要去火葬場工作，真的很懷疑：我可以嗎？

以前最得意的事情就是曾經躺進冰庫，還常常津津樂道，想不到在火葬場，「爬進火爐」是每天必做的事。

每天早上，我們都得爬進火爐，清潔一下裡面。爐內會有一些殘渣，譬如說人工關節、燒壞的手錶、灰燼等，必須打掃乾淨。

但是棺木火化的溫度常高達一千度上下，到了隔天早上，雖然冷卻得差不多了，還是有四十至五十度的高溫。所以爬進去之後，動作越快越好，待在裡面多久，就痛苦多久。每天一早做完了這件工作，全身是灰，滿身大汗。三十多年來從沒貼過痠痛貼布的我，做了十多天，就貼了一片在脖子上。

學長看到我貼貼布，笑著問我：「你知道什麼人適合來火葬場嗎？」

我回答：「不知道。」

他接著說：「客家人，因為有硬頸的精神。」

回想自己一路都是做底層的工作，無論是推著餐車賣雞排，照顧我父親，或是當看護幫人把屎把尿，還有出門當接體員，一路走來，常常有人說：「你行嗎？」「這很辛苦欸！」「幹麼做這種工作？」「年紀輕輕的，可以去大公司打拚呀。」

但是，我一沒學歷，二沒口才，三沒背景，四沒外貌，我能做什麼？又能拚什麼？

只是對他們笑一笑，然後繼續埋頭苦幹。

做「這種」工作，其實我很快樂。

我總能從工作中，找到自己的樂趣。一件簡單的小事就可以讓我快樂很久。我享受我的工作，並且找到我工作的意義。既然都要工作，那就讓自己快樂一點吧。

或許，這就是流在我體內的客家人血液，「硬頸精神」吧。

我對學長點點頭，感謝他的鼓勵，讓我想起那個不服輸的自己，產生拚下去的動力。

學長也點點頭，接著說：「你明白就好。火葬場和冰庫不一樣。你去接運或是送進來的，一個班頂多十件。但是在這裡，就算是小日子，一天也有十幾、二十件案子，更別說大日子了。硬頸呀！脖子硬一點，上面可以站得比較多，以後脖子痛不要驚慌，想想你的硬頸呀！」

原來學長所謂的硬頸，就是要我的脖子上站更多的人。

「客家人適合在火葬場」，這是我今天學到的事情。

第二章

冰的世界

火來了，快跑

大胖

只要有緣，還是會遇到的。

走在路上，突然發現有一龐然大物，雖然沒有拔山倒樹而來，不過，還是擋住我眼前所有的視線。

看著那塊光禿禿的頭頂，肚子那裡永遠扣不上的釦子，走路時得提著褲腰，因為買不到適合他的皮帶；而他的另一隻手沒閒著，拿著親切的麥香。

我興奮地大喊：

「大胖！」

龐然大物給我一個熟悉的微笑。「小胖！我們快一年沒見了！」

沒錯，殯儀館的保全也是一年簽一次約。

大胖是守夜班。他那班有三名保全，可說是集兩光之大成。一位是大胖的爸爸，特殊技能是「站著睡覺」。常常在值晚班時，我去幫忙將遺體送進冰庫，沒多久後回到門口，站在保全亭裡的他已睡熟了。

夜間保全的功能是守門口與巡邏。當接體車要開進館內，他們負責喊「大體進館」。雖然「大體」一詞在學理上不是這樣用，卻是我們一種錯誤的習慣。

某次上大夜班，我打起瞌睡。睡到一半，眼睛微睜，模糊的眼前似乎浮現許多人影……我笑了一下，大半夜的，不可能有那麼多人來殯儀館，而且對講機沒響，一定是作夢。我又多睡一會，再睜開眼——咦？這些人還在，這個夢作得有點久。

但是，夢境裡有個熟悉的人影……仔細一看，居然是一位葬儀社老闆！我這才驚醒，道歉並幫他們辦進館手續。

「你怎麼不叫我起床?!」我問老闆。

他回說：「反正家屬還沒到齊呀，我想等人都來了再叫你。不過，你和外面那個警衛都很厲害，睡得像接體車內的一樣安詳。」

另外一位保全講話非常大聲，連說「請」、「謝謝」和「對不起」，都像在跟人吵架，而且常常自言自語。

你想想，殯儀館門口的保全，常常一個人在警衛室裡大聲地自言自語，多麼嚇人！

再來就是**大胖**。

就某方面來說，大胖是我的偶像。

一起工作的那幾年，他日復一日地上班、玩遊戲，在我的鼓勵下抽卡當月光族，等著下個月領薪水。每天都是快快樂樂上班，快快樂樂下班，沒有聚會，沒有煩惱。

雖然常常因為眼光不銳利，被家屬和業者罵，但是他有自己的堅持：對就是對，不對就是不對。

長官說不能在垃圾場亂丟垃圾，晚上有業者要來丟垃圾就是不對，要去阻止。

半夜裡，靈堂關了，還有民代要來送東西，就是不對，拒絕開門。

參加公祭的大官把車亂停，就是不對，要去糾正。

我非常喜歡他的這種個性。他讓我明白原來還是有一種人、一種力量，是很純樸而真實的。他不是最完美，也不是最有正義感；既非英雄，也非聖人。但他有自己的一把尺，而且很嚴格地執行。

或許他被人當成傻子，不善交際、沒有朋友，常常被笑，而且每天挨罵。但是隔天，他還是一樣堅持信念，推拒不合理——那些是我們從小都聽老師教過的。

幾乎每天上班都會看到他被罵。但他真是我的偶像，一個永遠挨罵，但也永遠做出對的事情的偶像。

某天，聽說大胖遭圍毆。有一群阿弟仔半夜到我們這裡飆車又亂丟垃圾，他去制止，結果被狠揍。他沒有報警，畢竟牽涉到公司。最後以幾千元和解。

然而，從此以後的他，已經不是他了。

「這些車號是民代的，你要背起來。」

「晚上別人叫你開門就開門，反正也沒差這一會兒。」

「亂丟垃圾也沒差，長官又不會發現。他們不會整天調監視器看。」

這些都是大胖提問，我回答他的事情。他努力做筆記，因為不想再被打。

大胖變了。還是每天被罵，但是被罵的事情變少。還是常常被笑，但是他漸漸學會一起陪笑。

沒變的只剩下體重、食量，還有仍舊沒朋友。

●●●

「大胖，你混得好嗎？」

「很好呀！我在大樓當保全，一樣上夜班，但是精神好多了。」

「廢話，之前跟在你後面的可都是狠角色……」

「嗯？」

「哦，沒事。我是說……連殯儀館那麼可怕的地方你都待過，大樓應該還好，除非那間一天也往生二、三十人，不然你應該混得不錯。」

「哈哈哈！我現在要努力存錢結婚，還想學騎摩托車，還有開車……」

看著大胖兩眼發光地說著夢想，雖然只是一般的事情，我卻聽得津津有味，因為是從我以前認識的那個沒夢想的大胖口中說出。

最後我們說了再見，仍舊沒留聯絡方式。

只要有緣，還是會遇到的。

看著大胖拖著龐大的身軀上公車，那背影雖然像當年一樣大，但是，他變了，我也變了。再也沒有大胖和小胖的故事了。或許，我們都長大了吧……

正當我要離開時，從公車上傳來大胖的聲音。

「小胖，感謝你今天陪我聊天。**一直跟在你後面的女朋友很可愛呀！**」

我搖著頭，笑了笑。大胖，你還是沒變，我今天是一個人出來呀！下次見面，我一定請你喝麥香。

小長老

那被冰得乾乾扁扁的小小身體呀。

剛辦完一位長老的火葬，我回想起在冰庫工作時，遇到的那一位「小長老」。

冰庫的環境是這樣的：有人進來，有人出去。有人是被家屬陪伴著進來，大家拉著他的手，在一旁哭喊。還有人天天來到櫃位前，只是想看裡面的親人一眼，說說沒有他的日子過得多困難，說說自己努力在適應少了他的生活，說說心事，說說遺憾。也有人被送進來的時候，沒有任何人陪伴。在外頭，靜悄悄地結束生命；而到這邊也是自己一個人，似乎沒人關心，也沒人在意。

有家屬的人，等著家屬幫他們操辦喪事。長老等的卻是一張冷冷的公文，沒有溫度，沒有情感，像極了他們現在住的冰庫。

那天晚上，有位私人殯葬業者愁眉苦臉地來找我們求助。他們收了一件案子，是一名年輕女孩帶著一個女嬰，請他們處理。

生意上門，業者當然很開心，沒想到收了嬰兒之後，女孩卻消失了。

「哇，你們都不留家屬資料的嗎？」我問愁眉苦臉的大哥。

「唉！大意了。年輕人不講誠信呀！說沒帶證件，隔天會親自補來，結果留了假地址、假名字和兩千塊錢，人就不見了。丟個小孩在這邊。現在的年輕人真是的，毛沒長齊就亂生小孩。這個說不定是生出來就往生，不知道怎麼處理，或是偷生出來的。希望她好自為之。現在只給我兩千塊當頭期，以後被我遇到，我一定會努力幫她辦頭七！」

我們聽了也只能苦笑。有些業者就是這樣，有案子先吃下來再說，反正遺體在他們手上，家屬跑不掉。等談不攏喪事，沒辦法辦下去，再對家屬說：「我們幫你們做了什麼又什麼，至少給我點錢吧……」總之，這是一門不會虧本的生意。

但這次遇到家屬跑掉的，他們會怎麼處理呢？

先打電話給社會局，接著找殯葬所幫忙，頂多被唸兩句，少收幾天冰庫的費用，最後又變成政府處理了，真的不虧。

●●●

小嬰兒輾轉被送來我們這邊。我們給了她一個位置比較高的櫃號。冰庫位置的高低是有眉角的。第一層在最底下，我們放重的，這樣抬動時比較省力。第二、三層是中間位置，放有家屬的，當家屬來探視時，從冰庫拉出遺體，剛好就是一般人可以目視的高度。四樓放沒家屬的，因為不會有人來看，所以放在最高的地方，反正也不用開，只有進來開一次、出去開一次而已，堪稱最正港的「長老特別位」。

理所當然地，小嬰兒被放到最上層，成了「小長老」。

日子一天一天過去，冰庫的居民來來往往，進進出出，而小長老一直在最上面，從未有人來探視，那個櫃位始終沒有機會被打開。

在她的櫃位前有張牌卡，寫著：「疑似〇〇〇之女」。很好笑，不僅連母親的名字都沒有，還用「疑似」一詞。

不知不覺中，半年過去了。負責整理聯合公祭資料的老宅，偶爾會聊到這個小孩。

「小長老的公文還沒下來耶。」我起了頭。

老宅說：「沒辦法。無名屍的公告認領期限雖然到了，可是聽主管說似乎有找到真正的家屬，不過，他們一直不出面，社會局也不敢給我們公文處理。似乎是有點糾紛，她只能一直被放在這邊。」

「老宅呀，你說這個小長老是不是很可憐啊？還沒看到這個世界好的一面，就被冰在這邊，也沒有人來看她，像人球一樣被踢來踢去。轉眼她待在裡面也快半年了，陪伴她的只有無盡的寒冷，以及黑暗。唉，有時想想，真為她感到可憐。」我感嘆。

老宅淡淡地說：「小胖，其實你應該要替她開心。躺在裡面，有什麼不好？外面的紛紛擾擾都與她無關。像這種生下來就走、爸媽都不處理的，你指望她活著可以多快樂、多幸福？倒不如早早躺在裡面，不用忍受世間的殘酷。

「小胖呀，還記得我們接過媽媽帶小孩燒炭的嗎？還有之前那件虐嬰的？想想那些孩子，他們都是生長在有問題的家庭裡，你覺得他們活下去，是好事嗎？」

看著老宅，「活著就有希望，現在不活下去，哪知道未來會怎樣」這種正向話語，我怎麼也說不出口。

自從當接體員後，這種案子，我們遇過太多太多太多了。

我告訴老宅：「假如到她生日時，公文還沒下來，我們買一個小蛋糕來拜她好嗎？」

老宅笑著點了頭，似乎也覺得這個主意不錯。

●●●

又過了一陣子，只有我一人當班時，有個少女模樣的女子說她要探視遺體。一旁陪著的應該是她的父母。

「遺體叫什麼名字？」我問。

「×××之女。」她說。

我查詢不到，疑惑地回覆說我們這邊似乎沒這個人。

她一時愣住了，父母在一旁帶著怒氣看著她。突然，她想到了什麼，對我說：「不然，你試試『○○○之女』好嗎？」

這個名字，我不用查電腦就知道了，因為她冰了十一個月。

我仔細打量著女孩，她真的還好年輕，似乎帶點忐忑，好像有點害怕自己要面對什麼。身後的父母一直在跟她說話，似乎是叫她一定要去處理。

看著這一家子，我心裡有了底。唉。

我帶他們走到冰庫那個小長老的位置前，駕升降車從四樓最上層，輕輕地把小長老放下來，心裡默默地對她說：「嘿，恭喜你，可以離開了。」

那被冰得乾乾扁扁的小小身體。

隨後，少女的懊悔啜泣，父母的心疼怒罵……他們說些什麼，我不記得了，只依稀聽到：

「小孩流掉了，你還是要面對！」

「跟你說小小年紀不要做這種事。你看那個男的，現在在哪裡？」

「我不知道怎麼面對寶寶，我不知道……」

有趣的是，少女的眼淚滴到小長老那一刻，小長老彷彿有淡淡的微笑，淡淡的。畢竟是看到媽媽了吧。

但，自始至終都沒見到她被媽媽擁抱在懷中，或許是冰了那麼久，那模樣太可怕了吧。

●●●

隔天，我和老宅都到班。老宅見我一早就買了一個蛋糕，覺得奇怪。我開心地給他看小長老的牌卡。原本的「疑似〇〇〇之女」，那個「疑似」已經去掉，母親的名字改為真正的姓名「×××」。

她不是無名屍了。

她有人認了。

再過七天，她要離開了。

看著蛋糕，我笑了，老宅也笑了。

雖然「長老」是不斷會有的，但是在自己的職涯中，每當送走一位，都讓人有莫名的喜悅。

真心地祝福各位長老。

小氣鬼舅舅

其實舅舅不是小氣，是沒錢。

我的外甥小恩慢慢地長大了。有一次帶他去公園玩，他看到前方有一群鳥，開心地對我說：「舅舅，我要抓一隻像你一樣胖的鳥來給你！」往前一跑，結果鳥兒全飛了。

我上前安慰他，他反而很堅強地說：「沒關係，反正沒有像舅舅一樣胖的鳥可以抓。」

我拍了拍他的肩膀，感到欣慰，原來他已經分得清楚胖和瘦了。

某天，他對我說：「舅舅，我看到一個麵包超人的玩具，給我錢錢買玩具。」

我微笑著掏出兩百元給他，他卻皺眉說：「阿姨說要藍色的錢錢才能買。」

我微笑著看他，原來經過我小妹的教導，他已經分得清楚錢的大小，不禁有點感動。但還是告訴他：「舅舅沒錢，你拿這兩張紅色的去買小玩具就好。」

從此，外甥口中的「小氣鬼舅舅」誕生了。

那天，一早來了一具待解剖的遺體。

接她的老司機一提起這件案子，就氣憤難平。

「你知道嗎？我前天去接的時候，眼淚都流下來了。幾個月大的小嬰兒被凌虐到死不說，還把她埋在海邊。那天太陽那麼大，她爸爸一下子說埋在這裡，一下子說埋在那裡，挖了一個下午，終於挖到可憐的她……天呀！才多大而已，那對父母怎麼能夠呀！我抱起小小的身體，眼淚就流了下來了。怎麼能夠，怎麼能夠呀！」

老司機是個身材壯碩的彪形大漢。他告訴我，這是他做這行那麼多年來，唯一一具抬不動的遺體。每走一步路，都是一種沉重。

「怎麼能夠?!」

這也是我當時看到小嬰兒後，很想問他父母的一句話。

小天使的家屬來了，是姑姑。父母親因為涉嫌重大，還在被拘留。姑姑哭得很傷心，一方面為往生的小妹妹難過，另一方面因為弟弟竟然做出這種事。

解剖台上的工作開始進行。一刀下去，臭氣四溢，禮儀師趕忙帶家屬去休息室休息。有位當媽媽的禮儀師，在一旁流下眼淚。

「到底要在外面放幾天，才會讓小小的身體發出這樣的屍臭呀……」

我們聽了，沉默不語。

因為不敢想像。

我別過頭，想去外面走走，應該說我不敢再待在那個地方。

走到休息室外，聽見禮儀師問姑姑：「小朋友的相片，請問你們準備好了嗎？」

姑姑勉為其難地說：「她的照片不多，勉強只有一張而已……」

禮儀師接著說：「那麼，在棺木裡要放一些衣服、他生前最愛的玩具等等，再麻煩你們準備。」

姑姑搖搖頭，說：「這孩子，沒有玩具。」

咦？

我跟禮儀師一樣，以為自己聽錯了。

姑姑再重複說：「這孩子，沒有任何玩具……」

這位小天使，在這世上短短半年的生活，到底是怎麼過的？

雖然我家的經濟環境不算好，但我們多少會買些玩具給外甥，他也不缺什麼東西。

頭一次聽到一個孩子沒有任何玩具。我的眼淚又流了下來。

也好，你這樣走掉也好。否則，你可能真的會很辛苦，很辛苦。

姑姑連忙去買些玩具和一雙美麗的鞋子、一套漂亮的衣服。解剖完之後，化妝師替小天使換上。

姑姑最後來探望，看著小小的她，又笑又哭地說：「小琪呀，你今天是我看過最漂亮的樣子呀。」

笑聲伴隨著屍臭，飄逸在凝結的空氣裡。

小妹妹，恭喜你短暫的人生，美麗過一次。

願你下次綻放的時候，不奢求可以大富大貴，但至少不要像現在一樣，滿身傷痕。

●●●

送走小天使後，每當外甥又叫我「小氣鬼舅舅」，我都只是笑笑。

想摸摸他的頭，告訴他其實他已經很幸福了，但是一臉稚氣的他或許還沒到聽得懂的年紀吧。我也只能笑笑地從口袋拿出兩百元。「來，去買便宜的玩具吧。」

簡單就是種幸福。

親愛的小恩，希望你長大後看了舅舅的書，可以理解舅舅不是小氣。你已經贏很多人了。

小氣鬼舅舅不是小氣，是**沒錢**。

兄弟

你知道嗎？有些事情一旦錯過，就來不及了。

這天日子不錯。不是週末，沒有太多人來探視遺體。也不是週一，沒有警察通報那種週末過完了，才被發現往生在宿舍而找我們去接運的……重點是月初！所以，我叫了要價一百五的腿庫飯當午餐。

為什麼要選這種日子叫腿庫飯？因為真正好吃的腿庫飯要在外送一來就趁熱立刻吃，才能嚐出美味。

我打開手機的叫餐ＡＰＰ，滑到腿庫飯那一頁。按下點餐鍵之前，還稍微等了五分鐘，結果電話沒響，也沒人來探視，才安心地按下確認訂單。

火來了，快跑

不一會，看到葬儀社兄弟黨的其中一人朝這裡走來，我雙眼滿是警戒，問他：「大中午的不去吃飯，要來幹麼？」

心想假如他說要進館，我一定先讓他本人進館。結果他只是笑笑地說：「沒事啦，我來看看而已。」

放下戒心，我自然露出親切的微笑，隨口問起：「好久沒看到你哥了，他人咧？」

弟弟突然驚訝地看著我，說：「我哥走了，你不知道嗎？」

我嚇一跳。「什麼時候走的？我怎麼不知道！」

弟弟感傷地回答：「我才剛辦完他的頭七……」

看著哀傷的弟弟，假如時間回到五分鐘之前，我一定毫不猶豫地多點一碗腿庫飯給他療傷。但按出了確認訂單，就跟他哥哥走了一樣，一切都不能重來。

我不會安慰人，也不喜歡安慰人，只給他一支菸，幫他點上，然後自己也來一支。

我們靜靜地坐在一起抽菸。

突然間手機響起，我的腿庫飯到了！

告別弟弟，我興高采烈地去前面的辦公室拿了腿庫飯，回到冰庫時，一個青天霹靂的畫面映入眼簾。

冰庫門口，站了一位身穿黑夾克、嘴巴咬著檳榔的墨鏡大哥。他向我遞上檳榔，說：「阿弟，你是管理員嗎？幫我開門一下，我要看看我弟弟。」

短短幾句話，有如雷擊。想想我那美味的腿庫飯，等他看完就涼透了。但是從事服務業的我們，還是得努力面對家屬。

我笑著對他說：「稍等喔，我立刻幫您開門。」同時心中抱著一絲僥倖。「我看這個大老粗應該看不了多久吧……」

我飛快地開門，輕輕地將往生者拉出冰庫。途中，空氣中的氣味變了。他弟弟是綠巨人，往生應該超過了兩週。

拉風的哥哥一見到弟弟，臉上立刻濕了一大片。

「阿弟，阿兄從大陸趕回來看你了！」

話聲透著淒涼，就像我眼神裡的淒涼一樣。

哥哥強忍悲傷，望著面目全非的弟弟……突然，他抓住我的手臂，對我說：

「你知道嗎？」

聽到這句話，我點點頭。我知道一切都完了。不管是他和他弟弟的情感，或是我跟我的腿庫飯，都完了。

我和我弟好幾年沒見了。小時候，我們感情好，但那是打出來的感情。我們兄弟倆都很有脾氣，誰也不讓誰，可是我們知道，如果被人欺負，對方會跳出來相挺，從小就是這樣。

我們不愛讀書，常常一起蹺課去玩、去打架，爸媽都對我們很頭痛。但是我們都很夠意思，要罵就兩人一起被罵，要打就兩人一塊被打，同生共死，同甘共苦。

爸媽走後，我們因為一些事情大吵一架，我一氣之下去大陸打拚，弟弟留在台灣。我從沒想過要回頭修復這段兄弟關係。大家都長大了吧，有自己的生活。爸媽在的時候，多少還會當和事佬，叫我們回家團聚吃飯。他們走了，我們也散了。

想不到當我想通了，要回來找唯一的家人相聚，他居然躺在這裡……

拉風大哥雙手顫抖，不時擦著眼淚，一直想用墨鏡遮住眼睛，卻怎麼都遮掩不了哀傷。

「你知道嗎？有些事情，你錯過了那個時機後，想要再抓住，但或許它已不在了，而一切也都來不及了。」他望著弟弟，說出這段話。

我深表贊同地點點頭，眼神飄向冷掉的腿庫飯。的確，都來不及了。

拉風大哥走後，我吃著冷掉的腿庫飯。不知為何，一口一口吞下肚，卻帶了點溫暖。正享受這美好的片刻時，突然看到葬儀社兄弟黨的「大哥」經過眼前！他向我打招呼，我還愣著不知如何回應時，他自顧自地開口碎唸：

「我弟死了，我等等要帶他去火葬場燒。那個王八蛋！吵架就吵架，一直跟別人說我死了。我只不過是多請幾天假，叫他幫我頂著工作而已，他逢人便說剛做完我的頭七。結果每個人都跟你一樣，看到我就像看到鬼。這幾天換他休假，我看到人就說他死了，已經火化掉。氣死了……」

我再吃一口冰冷的腿庫飯。兄弟吵架呀。

孩子

你知道自己是什麼時候變成大人的嗎？

冬雨綿綿的一早，我們接到一通電話，某家工廠旁有一具遺體需要接運。

我搓搓手，呵出一口熱氣，立刻與冷空氣凝結成霧狀。

老大脫下圍巾，嘆說：「唉，每到冬天，遊民就接不完。」

我回：「我也是來這邊才知道原來冬天是那麼難過。真的滿難想像遊民是怎麼過冬的。」

老大說：「所以不是都來我們這裡躺著過嗎？」

想想快滿的冰庫，確實如此。

工廠前，有一名警察在綿綿細雨中等著我們，一見到我們就像看到救星，連忙朝我們揮揮手，大聲說：「來來來，這邊這邊！」

旁邊站著兩個小朋友，看起來是兄妹倆。高中年紀的哥哥穿了一件不符合他年齡的「爸爸牌」外套。妹妹只穿了件薄洋裝，緊貼著哥哥。我聽見哥哥拍拍她，對她說：「別怕，別怕。」

警察對我們說明狀況。

「往生者在空地那邊，以前好像是工廠的員工，屍體是老闆發現的，等鑑識小組來拍完照，就可以接走了。那兩個小孩子是家屬，媽媽去做筆錄了。唉，這件不好處理，往生者的妻子看起來有點精神障礙。等一下到殯儀館，你們看看有沒有什麼便宜的葬儀社介紹給他們好了，看起來也是可憐人。」

我們點點頭。遇到這種事，一定得處理，但不是每個人都有能力治喪。我們也只能盡量提供資訊，至於有沒有用，就看家屬自己了。

在等候鑑識小組的時候，我們穿上了裝備，先去看看往生者的狀況。

空地上，有一輛腳踏車和一張拆到一半的彈簧床墊，那張床墊有燒焦的痕跡。老大說：「他應該是在燒床墊，要把裡面的泡棉燒掉，然後拿鐵去賣了賺錢。

倒臥在床墊旁的他眼睛睜得老大，一隻手摀著胸部。我們齊嘆一聲：「應該又是心肌梗塞吧……」

鑑識小組來了，正在拍照時，後方傳來警察的聲音。「弟弟，叔叔在那邊工作，不能過去。」

往生者的兒子走了過來，就冒雨站在那裡，望著父親，又看看我們。警察嘗試阻止，但他死賴著不走。

老大也對他說：「弟弟，叔叔在工作，你先在外面等一下。」

他沉默著，只是盯著我們看。

鑑識大哥只好告訴警察：「不要讓他妨礙到我們，也別讓他碰現場的任何東西，就讓他在旁邊看著吧。」

於是，一種少見的情況發生了：我們在幫往生者拍照，而他的兒子在旁邊看。

拍好照之後，得確認往生者的身上有沒有留下證件或其他東西。我們翻翻外套的口袋，找到幾百塊錢、幾張發票，攤平後，拍了張照片。

這時候，弟弟卻說話了。

「這是我爸爸的錢。」

老大和我都愣了一下，鑑識大哥卻彷彿有經驗似的，回說：「弟弟，你有疑慮的話，等等來幫你爸爸把錢拿出口袋好了。」

弟弟二話不說便上前，輕輕摸了一下爸爸的頭，接著開始翻找衣服。他爸爸共穿了五件上衣，而他一件一件，仔仔細細地翻找。

雨越下越大，他無動於衷。用手探進爸爸衣服的每一個縫隙，從外面的口袋到裡面的暗袋，都一一檢查，似乎深怕少找出一毛錢。

看著這個小弟弟，我有點難過，也忍不住疑惑，便悄聲問老大：「這個弟弟也太冷靜了吧……躺在那邊的是他父親，但他似乎要把爸爸扒光一樣，這樣妥當嗎？還真是個沒長大的孩子。」

老大嘆口氣，說：「說不定他就是長大了，才知道現在對他來說，錢才是最重要的。」

隨著雨勢漸強，鑑識大哥勸他：「弟弟，雨太大了，我們回殯儀館再翻好嗎？」

但他沒有回應，還是繼續翻，最後在褲子內袋中翻出兩千塊，然後不作聲地望著我們，似乎是在說：你看，好險我有找到，不然可能被你們拿走了。

看著那個眼神，我和老大都有點想流淚。

是什麼樣的環境，讓這孩子不相信別人？是什麼樣的生長過程，讓這孩子覺得「錢」才是最重要的事情？

這樣的冷靜，真的讓我們覺得很可怕……

在大雨中，他終於翻遍了父親全身上下，最後取下手錶，再把所有的錢都清點一遍，拿給警察，並且說：「警察叔叔，這是我爸爸的東西，之後會還給我們嗎？」

警察無語地點點頭。

接著他問：「我爸的腳踏車，我可以騎走嗎？」

警察點點頭。

他叫妹妹上車，便準備離開。我們叫住他說：「你不跟我們去殯儀館嗎？」

他回答：「媽媽說他會過去。她說我的任務是照顧妹妹。」

回去的路上，我一直在想著那個孩子——該說他是冷血？還是勇敢？

我沒有答案。

●●●

往後那幾日，常常看到穿著高中制服的他牽著妹妹、帶著媽媽，在殯儀館進出。

有人問過我知不知道自己是什麼時候變成大人的。我一直沒有答案。

我在想，假如有人問那個弟弟，他應該會這麼回答吧：

「就在我爸走了之後。」

火來了，快跑

冰凍M&M's

故事是從殯儀館冰庫的M&M's巧克力開始的……

日頭赤炎炎，而我在冰庫吃著冰凍的M&M's巧克力，等著待會兒驗屍。新來的老司機走過來，等等要驗屍的那一具就是他接的。

這位老司機是看了我的書，才進殯葬業的。

起先，他傳訊息給我：「我對殯葬業有興趣。請問您知道A公司和B公司嗎？哪一家比較好呢？」我想也沒想就立刻推薦A公司，因為這兩家都在我這一區，而B公司我太熟了，幾乎全公司都知道我的身分！

萬萬沒想到現在的年輕人都只是問問你的意見，然後自己做決定。結果他還是選了B公司，所以很快也知道了我是誰。

見他汗流浹背，我拿著冰冰的M&M's，問他要不要來一顆。他開心地點點頭，立刻吃了我的巧克力，然後告訴我：「等等要驗屍的那位好可怕呀，我昨天去接的時候，嚇了一跳！」

我聽了，只是點點頭，沒什麼特別感覺。剛進這行就是這樣，不管看見什麼都覺得稀奇，做久就見怪不怪了。

見我沒反應，他氣急敗壞地秀出手機的照片給我看。「你看你看，很可怕吧？」一個中年男子以瓦斯離開世界。不只是一般那樣開瓦斯而已。他將瓦斯桶的管子塞入嘴哩，再用膠帶把管子黏起來。

這樣的死法，我還真沒看過。那麼有求死的心，也是少見。

「你有什麼感覺？」我問菜鳥。

他回：「我覺得他會選擇用這種方式離開世界，一定有他的原因。」

「那你會想知道是什麼原因嗎？」我又問。

他說：「他的家屬等一下會來，學長問他們有關往生者的事情時，我聽聽看。」

「你有沒有觀察房間裡有什麼？他的身上還剩什麼？或是他有寫些什麼？」我再問。

他搔搔頭說：「這倒是沒有。」

「你來做殯葬是想幹麼呢？賺錢？體驗人生？還是真的想做這行？」

他思考了一下，對我說：「其實我也不知道自己有什麼目標、想做什麼。有時候，我很迷惘。人活著的目的是什麼：是為了生活？為了充實自己嗎？我該往哪個方向走？所謂的『家庭』又是什麼？為什麼現在自殺率那麼高？為什麼他們想死？……看了你的書，覺得你好像在這裡找到了答案，所以也想來這裡看看。但是我覺得這行不能做太久，只想體驗一下。」

我找到了答案嗎？其實我也不曉得。不過，剛剛問他的那幾個問題，也是我問自己的。

對於因為我的書，而想來殯葬業歷練的這個菜鳥，我有些話想告訴他……

剛出第一本書時，很多人笑我：「這傢伙在這一行沒做多久，憑什麼出書？」「那個大師兄，他接過的案子只是我的零頭而已。」「這傢伙懂什麼，還自稱是大師兄，笑死人了！」「一堆事情都不懂，還寫書呢，分明是掰的吧！」

就像你剛剛給我看的照片，不是在這行做得久就會遇到這些事情。有人做不到三個月就接到乾屍，有人做了一輩子都沒接過。所以我從來不否定大家跟我說的事情。

很多殯葬業者接到案子，只有一個想法：我只是去接屍體而已。接回來之後，找到家屬，若是有錢的就報上「套餐」，看家屬要花多少錢辦喪事；沒錢的，收一趟接運費，請家屬參加聯合公祭。他們根本不在乎往生者發生什麼事，也不會想他為什麼走上這條路。

但每一回接自殺的往生者，我都想了解為什麼他們會選擇這條路？是跟自己、還是跟家人過不去？或是社會真的沒路給他走……這些帶給我很大的感觸。我想把這些感觸跟大家說。

別人以最極端的手段結束自己，譜出人生的最終章，但是對於我們這行的人來說，那可能只是一週或一天的其中一章。

在這一行，好好地看著別人，想著自己，我想，你也會有屬於你自己的答案。

菜鳥沉默著，似乎在思考這件事情。

不久，法醫來了，菜鳥準備去工作。他臨走前，我跟他說：「我也告訴你一個可怕的故事好了。」

他問：「什麼可怕的故事？」

「冰庫裡沒有家用冰箱，為什麼我的 M&M's 是冰的呢？」

我吃了一顆 M&M's 給他看。

他看著冰遺體的冰庫，再轉頭驚恐萬分地看著我。

菜鳥呀菜鳥，希望有一天，你可以找到你想要的答案。也希望有一天，你會發現，巷口轉角的柑仔店冰箱裡，有賣冰的 M&M's！

離職

原來我的書和廢文，能給人勇氣！

小董要離職了。不是跳槽，也不是被挖角，來這裡一年多之後，他決定離開這行。知道他才二十六歲，是國立大學畢業的，我說：「背景這麼好，爸媽贊成你來我們這裡喔？」他卻顧左右而言他，似乎聊到家裡的事，讓他有些排斥。

我改問他為什麼想來做這一行。他說，他在「人生」這條路上迷失了，想來這邊找答案，或許多接觸點生死會有幫助。他還說另外有個小祕密，但是不好意思講。

我笑了一下，懷念呀！我也是這麼走過來的。

在別人眼中，我的人生似乎很糟，大學沒畢業，一輩子都在做勞力工作。從便利商店店員、賣場人員、運鈔車保全、賣雞排，到長照照護員、接體員，每一階段都是彎著腰、流著汗，說拚命太誇張，但我都是靠勞力賺到錢。

我外婆每天去田裡幫人插花苗，爺爺種水梨，老媽是工友。老爸以前還正常工作時，每天回家都帶著一身泥巴，兩度因工作意外而斷了手指，還有一回從高處墜落。兩個妹妹每天瞇著眼幫人做指甲，聞一些化學物質，年紀輕輕的，視力已大幅減弱。

第一次參加講座拿到酬勞時，我思考很久……原來在這世界上，「生活經歷的分享」是有價的。

來殯儀館工作後，我的整個人生似乎都不一樣了。說不上有目標，但是朝著一條自己意想不到的方向前進。

真的很感謝主管面試我進來。

* * *

聽說小董原本有個女朋友，入行不久後分手了。我心想他就快離職了，乾脆來八卦一下，就問他分手的原因。

「你也知道我那家葬儀社很小，月休沒幾天，而且就算休假，有案件就得支援。也不知道我的八字是哪邊壞掉了，每逢我休假，一定有案件……」

說到這，他望向遠方，似乎懷念起有女朋友的時光。順著他的視線望去，我也懷念起有女……啊不對，我根本沒有的東西懷念什麼。

「有一回，我們在看電影，手機響了，我接起來……電話一掛，悄悄對她說『我去工作了』。也不知道是第幾次那樣，但那次我的印象最深，因為那是最後一次。」

他繼續說：「這樣也好，至少我一個人比較安靜。這份工作有時候真的很棒，有很多時間去享受那種深深、深深的寧靜。當一個人生命結束的時候，身邊或許有喧囂，但是你能感受到那種很想跟自己或是跟往生者對話的，一大片寧靜。

「我什麼都沒有，沒房沒車沒人生。我老爸和老媽都愛賭。小時候，跟著他們到處跑，有天把我交給我大伯，他們人就不見了。

「我爸媽再出現的時候，我已經上大學了，他們也沒問我過得好不好、有沒有錢繳學費、有沒有吃飽，或是在大伯家有沒有受到冷言冷語，有沒有被說『你那個爸媽沒有用，跑路還把小孩丟在這裡』。都沒有。

「只問我去年阿公走了，身為長孫的我有沒有分到遺產。有的話，可以給他們周轉一下嗎？」

我們兩人都陷入沉默。

我沒開口問什麼。有些事情，對方想跟你說的時候，自己就會說了。

他擦擦眼淚。

「出社會後，我很想工作，因為我很想賺錢。但我也很想死，因為我賺不到錢。活著，什麼都要錢，我好累，不想活下去。那時，剛好看到這行的相關訊息，我突然好想來試試看。

「其實我做得很開心，但還是要離職。我原本就是想體驗看看，沒想過要在這行做太久。人生啊，很難得有機會經歷那麼多場別人一生中必經、又最重要的過程。難得有機會接觸腐屍，難得有機會洗遺體……真的有很多經驗和回憶。

「但在這行要一直做下去很累。我常常一個月休不到四天假，還什麼都要會，從遺體接運到化妝，搭棚子、擺罐頭塔等等，老闆看我萬能，發薪水時卻當我失能。」

他無奈地搖搖頭，說：「不想活的時候，可以做。等到想活了、有目標，卻不能做了。」

我也嘆了一聲。突然想到一件事，問他：「一直想問你，當初你說的入行小祕密，是什麼呀？」

小董開心地笑著說：「我就是因為看了你的書，才想來體驗的。謝謝你！大師兄，感謝你的書和廢文，帶給我勇氣！」

聽了好感動，又很不好意思。原來我還真是害人不淺呀。

●●●

小董離職後的某日，我巧遇他的前老闆。以前有個剛入行的白紙可以壓榨，現在他什麼活都得自己來。

我虧說：「小董不在了，老闆，你開始忙了喔。」

老闆笑笑。「哎呀，這有什麼，頂多就是累一點，自己跑就好呀。年輕人在外面混一混，說不定做得不好，又跑回來了。」

我跟著他乾笑兩聲。

他抱起靈位準備去安置，突然又回頭跟我說了一句：「你看，如果他站著回來是幫我賺錢，以後躺著回來則讓我賺錢，不虧呀！」

唉，還真的不虧。

火來了，快跑

隔壁同學

趁著愛我的人、我愛的人還在的時候，及時行愛。

由於想充實自己，所以我去上寵物禮儀師的課程。上課時，老師要我們拿一張紙，寫一些話給曾經陪伴過自己的寵物，就是所謂的「四道」：**「道謝，道歉，道愛，道別」**。

我想起去當天使的狗妹妹「COOKIE」，她陪了我十五年。我不用狗女兒稱呼她，因為她跟我結緣時，我還是個不到二十歲的小伙子，稱呼她為妹妹，再適合不過了。

在我人生中最窮困的時期，她長了一顆大肉瘤，那時，我根本沒錢給她做治療。而等到我有能力的時候，肉瘤已經大到不能割掉了，只能以藥物控制。

我想起她的臉，想起她快樂地陪我玩，想起我每天下班回家後，第一件事情就是抱抱她。而她的工作就是在門口等著我回家，當我進門的那一剎那，給我一個擁抱。那天在課堂上，我一邊寫、一邊流淚。我是個不喜歡控制感情的人，該笑就要大笑，該哭就要大哭，沒什麼不好意思的。

哭到一半，旁邊的同學悄悄跟我說：「同學，我沒有寵物往生的經驗欸，我的寵物現在都好好的，怎麼辦？」

我想起老師說假如沒有和寵物告別的經驗，可以寫與家人告別，也可以寫失戀……同學想了想，立刻埋頭開始寫。

寫完之後，他對我娓娓道來他的故事。

我沒有寵物往生的經驗，所以寫我母親往生的事。

我一出生，就沒有父親，是母親帶我長大的。從小因為媽媽工作忙，我都去住舅舅家、外婆家……住完一輪之後，媽媽再婚了。

在媽媽的新家庭當中，我這個不大不小的拖油瓶，處境很微妙。我繼父有個女兒，有時候媽媽太疼我，繼父會覺得她偏心。要是她刻意對那個妹妹好一點，我心裡也覺得難過。於是我一上高中就離開家裡，打工賺錢。從那時開始，我的生活中只有賺錢這件事。

高中畢業後，我白天工作、晚上打工，希望自己過得更好，也希望不讓媽媽擔心我，讓她知道我很好。

如何讓她知道我很好呢？就是「錢」。

常常拿錢給她，常常買好一點的東西送她，都是在告訴她：你兒子有出息，在過好日子。你兒子不怨你，因為他自己可以過得很好。

就這樣，我必須用更多時間、賺更多錢，不要讓媽媽擔心，不要讓媽媽難過。

那天要去日本之前，我還打電話給媽媽問她要不要買什麼東西。隔天下午，卻接到妹妹的電話，告訴我，媽媽走了。

昨天媽媽才跟我聊天，怎麼會走了?!

一時間，我手足無措，不知道自己是怎麼從機場到醫院，更不知道為什麼我媽的臉上蓋著一條白色毛巾。

等到我有意識的時候，發現自己抱著她。

我抱著我媽——啊，這是我這輩子想做，卻沒做到的事情。

印象中，我從成年之後就沒抱過媽媽。原來媽媽那麼老了，那麼瘦了。

媽媽臉上的皺紋，應該不是擔心我在外面，累積而成的吧？

媽媽手上的結痂，應該不是為了我的學費，努力工作而留下的吧？以前我有注意嗎？以前我有關心嗎？

現在的我來得及問嗎？現在的她能回答我嗎？

我抱著她。我一直抱著她。

我跟她說，我愛你。

說完後，她就上了接體車。

我來不及向她道謝。我來不及向她道歉。我來不及向她道愛。

我只能用只有我知道而她不知道的方式，跟她道別。

這是我的遺憾。

他說完後，我思考很久。

我並不覺得自己對家裡狗狗的愛，少於他對他母親的愛。

但是，我對媽媽的愛，能像我對我家小狗一樣展現出來嗎？每天擔心我會不會平安回家的，只有我家的狗狗嗎？每天回家想擁抱我的，會沒有我媽媽嗎？曾幾何時，我跟她說過愛她？

曾幾何時，我回家有想要抱著她？

這堂課，我發著呆……

想著我去當天使的狗妹妹。想著還在家等我的狗女兒。

想著要不要今天回家就給我媽一個大擁抱。

想著在鄉下的外婆是不是在等我的電話。

想著我現在很幸福。

想著我想趁愛我的人、我愛的人還在的時候，及時行愛。

忙

再見，是一個很沉重的承諾。

出書之後，我的人生改變很多。

以前休假時，要麼發呆，要麼和狗女兒玩，要麼回外婆家，要麼跟好友打牌。雖然不曉得這樣的人生到底在幹什麼，但是不知道幹什麼有不知道幹什麼的快樂。日子一天一天過也有一天一天過的好處。

可是出書之後，我漸漸忙起來，忙著規劃講座，忙著到處分享經驗，忙著寫文章，忙著賺錢。

今年是我第一次暑假時沒回去看外婆。

火來了，快跑

某天回到家，老媽切了芒果給我吃。我一吃下去滿嘴的甜，隨口說：「這芒果好好吃，和阿嬤家的一樣甜呢！」

我媽淡淡地說：「你阿嬤說你很忙，沒時間回去拿她種的芒果，所以寄上來給你。不是說你現在努力生活不好，不過，你也要找時間看看阿嬤……」

我聽了，再吃一口芒果。不知為何，芒果入口很甜，但，心很酸。

看看被自己排得滿滿的行事曆，我拿起手機，撥電話給外婆，跟她話話家常。電話那頭的外婆對於我很久沒回去，沒有抱怨，只是鼓勵我要好好地努力生活，好好規劃自己的人生。

掛斷了電話，我又開始忙碌。

這天，我到台東演講。以前在醫院的護理之家工作的兩位學姐特地來看我。

我又好氣又好笑，台東離我的工作地方很遠，但我們平常住的地方明明很近，幹麼特地跑來台東聽呢？

學姐卻說：「我覺得你出書後，變得很忙。」

我一聽，抓抓頭。的確是這樣。但我又笑著說：「再忙也沒忙到哪裡去啦。出來吃個飯、打打屁都還好呀。」

學姐只是笑了笑。

我們聊起工作的往事，談到那個每天都把我當自己孫子看的護理之家阿嬤。談到她的時候，我眼神一亮，一個勁地訴說那段愉快時光，學姐突然問我：「小胖，你知道她走了嗎？」

我愣住了。這個資訊來得令我措手不及，有點感傷，卻又不意外。我慢慢地說：「這樣呀。她在醫院走的嗎？」

學姐說：「不是，她被接回家了。」

我淡淡地「哦」了一聲，沒有再聊下去的興致。

台東很好，溫泉很棒。回到飯店房間，我泡著溫泉，想起那個阿嬤。

●●●

那是我照顧的第一位女病人。

在護理之家，很少有女性願意讓男看護照顧。但是我有一種心態：我到醫院當看護，不是來照顧男人、也不是來照顧女人，而是要照顧任何生了病需要我的人。阿嬤第一天入院時，有家屬陪同。當我進房幫她換尿布時，女兒問她：「這個弟弟要幫你換尿布，你可以嗎？」

阿嬤看我一眼，笑著說：「自己孫子，有什麼不可以。」

失智的她並不曉得把我誤認成她孫子這一點，給了我多大的鼓勵。原來有人不介意我是男看護。原來，世上還有一些沒有血緣關係的奶奶，會把我當孫子看待。

其實在護理之家，我是被排擠的。

那時，我們是做一天算一天的薪水。護理長覺得我年輕，有更多體力做事，所以排給我比較多的班，包括津貼較多的夜班在內。學姐們對這件事情都很眼紅，覺得我壓縮到她們的薪資。

另外，由於我是唯一的男看護，護理長希望我不要去照顧女病人。學姐們認為我有很多時候不用做事，覺得不公平，除了有敵意，更少不了酸言酸語。

而那個把我當成孫子的阿嬤，她認同了我。

在護理之家，我常常去跟她說學姐的壞話，她聽了會跟我一起生氣，然後不到幾分鐘後就忘掉，繼續勸我別敗光她的家產，不要都在日本不回來，還要我好好努力，沙發下面那五千元是她最後一次幫我。

那時候，我總是笑著和阿嬤東聊西扯，努力扮演好她那個不回家的金孫。卻也在這中間，學到放下。

原來人失智之後，想的不是當年別人怎麼欺負自己，也不是曾經受過什麼委屈、人心多險惡。她總是跟我說，當年她是如何努力為了這個家打拚，一個寡婦帶著七個孩子，努力地撐出一片天，守護這個家。說完，她會輕輕摸摸我的頭，告訴我：

「工作要努力，但也要常常回來。

「阿嬤努力把你從小帶到大。你最優秀，成績最好，調皮搗蛋被罵的時候，總是躲在阿嬤後面。最喜歡坐著我的腳踏車，跟著我去工作。需要零用錢的時候，就突然幫我捶捶背。阿嬤每次開心，都會多給你很多零用錢。

「阿嬤現在老了。阿嬤好想你。」

啊，原來失智之後，惦記的還是她最思念的那個人，還有她最想守護的東西。那我現在遇到的那些委屈又算得了什麼。

台東溫泉很厲害，泡得身體紅紅的，連眼眶也跟著紅紅的。

我很喜歡護理之家，不是因為我愛做功德，是因為曾經我覺得自己一無是處，甚至不知道活著的意義。但是那時候在護理之家，我發現了原來我可以被需要。

在那裡，我不是當每個老人的金孫，而是當陪伴他們最後一段的那個孫子。不需要最有成就，但是我最努力照顧著他們。

當你把每一個爺爺奶奶都當作是自己的爺爺奶奶，你就會是世界上有最多愛的孫子。這是我當照服員最驕傲的事情。

那天演講完，學姐來告訴我，她要先回去。我問她要不要多留一會，我請她吃飯。

學姐說：「兩個月前，我們醫院健檢，我發現得了癌症。前陣子第一次做化療，我身體不舒服，要先回去休息。我有帶我女兒來聽你演講喔！你也知道，單親媽媽不容易呀。我們長照做久了，你曉得的，我這個治療呀，要麼努力好，要麼治不好，就要快點麻煩你了，畢竟還是不能留下來連累女兒呀。」

我聽了很感動，卻還是笑著對她說：「再見。」

再見，是一個很沉重的承諾。

常常有機會說出這句話，卻沒機會做到這件事。等到你再也見不到這個人時，才會對「再見」這兩個字，感到懊悔。

在殯儀館工作的我，對於實現這兩個字的承諾，格外深刻。一場喪禮，親人或許都知道，好友有可能沒被通知到，但是在殯儀館工作，卻有很大的機率遇到。

●●●

離開台東後，在回北部的飛機上，我看著自己的行事曆，努力擠出一個空格，然後在上面寫上四個字：

「回外婆家」。

外婆

珍惜你現在所擁有的。

今年，我做了一個以前從來沒有想過的決定，我買了新家。

或許是受不了老媽常常碎唸說：「我們家呀，混到了你們三個小孩子都長大成人了，還在外面租房子。唉，你老媽我呀，都幾歲了，要幫你老爸還債，又要養你們到大，現在都沒有一個窩，再老一點了，不知道怎麼辦呀！」聽起來似乎是情緒勒索，卻又富含著道理。

沒有老媽，我也不會有今天。曾經只想整天快快樂樂地打電腦、追劇、耍廢的我，真的也要為往後的人生打算。至少也要完成老媽的願望。

其實還有一點就是若在外面租房子，養寵物得看房東。而我家兩位狗女兒，既然決定當她們的爸爸，也就要負責一肩扛起責任，給她們一個住處。

買房，就是在這各種壓力引導下，做出的決定。

身為客家人，其實我對自己不算很好，可以吃飽、可以喝足就夠了。偶爾買一些小時候想買卻買不起的小玩具，一圓夢想。剩下的錢，我都存起來。因為經歷過父親需要長照的我，知道有錢在身上是多麼重要。

但是，買房是筆大開銷，我算是拿著所有身家圓夢，所以我只看自己買得起的房子。預算不多，只求有安身之地，還有可以孝親就好。

一個人打拚買房，真的很累，卻也要忍住不抱怨。所以我買得低調，幾乎等完全搞定，家人才知道我買房了。

●●●

這天，我回到外婆家。外婆還是老樣子，站在門口迎接我們。

看著她的手上綁著繃帶，我急忙問：「怎麼了？」有些許緊張，以為思覺失調的表哥又不吃藥，打了她。

外婆告訴我，她前兩天在浴室跌倒了，家裡沒人，所以她爬了老半天才爬起來。今年剛做九十五歲大壽的她，上個月回來時，她才做飯給我們吃，這個月就跌倒受傷了。

看在眼裡，真的很心疼。我連忙問她有沒有看醫生，浴室要不要裝止滑墊。外婆笑著跟我說：「沒關係啦。這個傷，拿跌打藥酒抹一抹就好。看醫生很貴捏！止滑墊不用啦，外婆都幾歲了，裝了也用不到幾年，要是摔一個半死不活，和你老爸一樣，大家都辛苦。」

聽到這邊，我很難過。

外婆在鄉下，領著農民年金。阿姨在鞋廠做事，原本領一個月兩萬出頭的薪水。但因為疫情，鞋廠倒了，現在是有工作才去做，變成領日薪，而且不一定每天有。家裡有個不工作的不定時炸彈表哥，常常不吃藥，在外面闖禍，阿姨又必須借錢去處理。

日復一日，過著這樣看不到未來的生活，我常常不明白為什麼外婆和阿姨支撐得下來。但是她們總是笑笑，說：「這就是命呀。」

這一句話輕輕的，看似無奈，卻讓她們扛起了所謂的「家」。

不管遇到多少不如意，「這就是命呀」，一說出來，就活得下去。

我偷偷擦了眼淚，告訴自己，下次一定要幫外婆裝止滑墊。

●●●

閒聊之餘，外婆突然問起我買房的事情，我露出閃閃發亮的眼神，滔滔不絕地說起自己如何看房、如何殺價、如何買家具、如何上網去看CP值、如何……

她饒有興致地聽我說著努力的成果。說著說著，我突然停下來，對她說：「阿嬤，對不起。我小時候常常跟你說，長大以後，要帶你住大房子，裡面有花圃和池塘，種花種草，養雞養鴨，有個大庭園給狗狗跑，還有公媽廳可以拜祖先和外公，還有我爸爸。誰知道，努力了那麼久，只能買一間小小的房子。阿嬤，真的對不起。」

外婆笑著跟我說：「不會啦，你很厲害了！現在生活不容易，你能努力存錢買房很不簡單。阿嬤在鄉下住慣了，也不會去城市住啦。你很棒了。」

我一聽，眼淚又流下來。

其實我也想過留在鄉下陪外婆。但是，這邊的薪水、工作環境，壓垮了活在血淋淋現實中的我。在這裡，我真的看不到未來。

外婆看著從小就愛哭的我又流淚了，笑著對我說：「阿嬤用老人津貼幫你買了兩台電扇，等等給你帶回新家。你大摳呆，最怕熱了。」

我聽了，又忍不住流淚。

晚飯後，我開著車，載著外婆給我的兩台電扇回家。一到家便迫不及待地拆開箱子，因為這是外婆的心意，我要把它放在顯眼的地方，告訴來家裡的朋友，這兩台電扇是我外婆送的。

打開箱子，我眼前突然起霧，忍不住哭了。

電扇箱子裡，有一個六萬塊錢的紅包，上面寫著：

北部生活不容易
恭喜你新居落成

我拿著那個紅包，哭了很久。

小時候家裡很窮，每次回外婆家，她都會偷塞錢給我，可能放在衣服口袋裡，可能藏在鞋墊底下或是我的鉛筆盒裡，然後都會有一張紙條寫著：

留著自己用

不要給你爸看到拿去賭

每當拿到外婆的零用錢，我都感動很久。

長大後，變成我回去時都會塞給她錢。想不到三十多歲的我，今天又收到她的紅包。

●●●

我很愛哭。當看護的時候，照顧的老奶奶對我很好，我會哭。在冰庫的時候，有老奶奶被送來，我會哭。在火葬場，當奶奶被送走，大家喊「火來了，快跑」的時候，我也跟著哭。

為什麼？因為我有個愛我的外婆，而且我也很愛她。

人生若有什麼重要的事是我在殯儀館學到的，那就是要珍惜你現在所擁有的東西。

火來了，快跑

斜槓葬儀社

師父忙著斜槓，家屬怎麼辦？

這天是大日子，外面車水馬龍，各家都排隊搶著進火爐。

或許有人覺得奇怪，火爐還需要搶？我訂十一點，那十一點準時來就好呀。

不過，這就要說到所謂的「民俗日」了。若是好日子，大家通常沒有怎麼看時辰。

但是相反地，不好的日子，時辰就很重要。所以老學長常說：「日子不對，時間要對。日子對了，什麼都對。」

好日子沒怎麼看時辰的原因，除了日子本身夠好之外，葬儀社在這天也比較忙，可能一天辦兩場，說不定是搶不到熱門時段，也有可能要趕著入塔，又或許前一天的準備時間太長，所以想早點休息。

遇到這種情況，葬儀社會與家屬協調說：「要是能早進，我們就早點燒，早點休息。」既然是好日子，所以通常大部分的家屬就沒那麼計較時辰，一般都能接受。但我才不想挑一個那麼忙的日子火化。對子孫好不好，我是不曉得，不過可想而知，「忙」的服務品質與「不忙」的服務品質，多少有落差。

話說回來，在門口排隊的人龍中，有一個很陌生的身影著急地走來走去。看起來似乎是外地來的葬儀業者。

於是我問：「您是要排隊等進爐嗎？」

大哥擦擦汗，回答：「對對，沒錯，我要幫我爸爸進去火化。」

我好奇地問：「您不是業者？」

大哥說：「不是，我是家屬。那個業者在忙，他說我如果有問題再問你們就好。他一直強調你們很**親切**的。」

「親切」的我們，給他一個「親切」的笑容，並且「親切」地問他父親是給哪一家葬儀社辦的。得到他的答案後，我們在心裡默默「親切」地問候那家葬儀社。

葬儀社到底好不好開，與「人脈」大有關係。

有的**知名大企業**，名字大家都聽過，第一次遇到家人過世，可能會選擇大間的。有些大間的價格比較硬。至於是不是大間的就辦得好或是貴就辦得好，倒也並非百分百。當然，敢收得貴，也一定得拿出不錯的品質，加上大間的要顧及一定的門面，所以在品質方面算不錯。不過喪禮的成敗，感覺是很主觀的，所以禮儀師的功夫就很重要了。

另外一種是**老葬儀**。所謂老葬儀，大概就是自家公司在地經營很久，主要是做回頭客，或是曾經找他們辦過的人推薦，與各地的村里長或是地方賢達的交情也不錯，附近有人往生時，會推薦找他們辦。老葬儀有自己的一套，很會與家屬套交情。至於現在主事的年輕人吃不吃老葬儀這一套，倒是不好說。

第三種就是大哥遇到的**「斜槓葬儀社」**。

斜槓葬儀社，怎麼斜槓呢？

有天，我和老大走在公司外面的路上，他看著一家飲料店，告訴我：「你看，這家雖然平常是飲料店，但是有案子的時候，就變成葬儀社了。」

他指著一家輪胎行，也是這麼說，還有檳榔攤、花藝店……似乎在這條街上的店家都可以做葬儀。

老大接著說：「殯葬的入門門檻不高，但是要精通所有的禮俗需要時間。很多人來學了一下，覺得滿好賺的，就開始背著老闆接案子，後來直接自己開葬儀社；等過一陣子後，手上的案子沒了，可是人脈不廣，沒有新案子。

「葬儀這種事情，親朋好友又不可能天天給你捧場。再加上這些年來有所謂的『生前契約』，傳統葬儀更不好做了，所以只能另外做些小生意。

「這些葬儀社常常是一人公司，有案子時再另找人力幫忙。有一件案子時做得來，但假如同一天有兩件就忙不過來了。

「所以在告別式上會發生很有趣的現象：家屬還得身兼人力，自己搬東西。就算有另找人力公司來，這天要辦告別式的是老先生、老太太，還是年輕人，他們到現場才知道，能辦到多令人滿意，真的難說。但是他們也不是要回頭客啦，撿到一件是一件。」

原來，是這樣斜槓的。

這個家屬，找上的正是一位斜槓師父。斜槓師父平常當師父，有案子時就當老闆，價格都開得低，所以薄利多銷，在鄰里間風評不錯。再加上自己是師父，通常都是買葬儀送誦經，自己唸經，大家都覺得親切。

但是這位師父有個缺點，只要手頭上有兩個案件，他會與家屬協商，讓家屬到火葬場之後，什麼都自己來，有問題就問我們。面對這種把家屬丟給我們的，也只能苦笑。

或許有人會想，家屬怎麼可能不抗議。因為這位師父給了一個家屬沒辦法抗議的金額。

我們只能苦笑地請家屬先等候，輪到他的時候，自然就會叫他。

約莫二十分鐘之後，輪到他。我們引導他到火爐前，請他方便的話跪下來，不方便也沒關係，拜三拜，感謝父親的生育、養育、教育之恩。

接著，請他大約一個半小時後來撿骨，確認罐子上面的姓名、生歿年沒錯之後，夾一塊骨頭，請爸爸進新居。

裝罐之後，帶爸爸去寄放骨灰，經過門的時候，要記得喊「過門喔」。

這就是大致流程，沒有很困難，人到就好。一場極為簡單的火化流程，就是這樣。而我其實也滿嚮往的。要是每個人都那麼簡單，我們就很輕鬆，沒有師父唸經，也沒有一些繁瑣禮節，只有我們做引導。

至於家屬會覺得有遺憾嗎？我看這師父接過的案件，家屬最少有一人，最多三人，每一組都看似沒遺憾。也許是預算不高，遺憾就少吧。

不過，你以為這些就是全部嗎？

下班時，遇見那位師父，我笑笑地對他說：「你怎麼現在才來呀？你的客戶的儀式，我們都帶他走過一遍了，你才出現。你來要幹麼？」

師父說：「別這樣說嘛，我一個人得跑兩個場欸。而且我和他約在這裡，要跟他完成最後一個步驟，這個步驟完成了，喪禮才完成。」

我一聽，嚇了一跳。仔細回想，今天帶著那位家屬，好像沒遺漏什麼事情。到底是缺少哪個步驟呢？

師父注意到我疑惑的眼神，悄悄地靠近，說了**兩個字**。

我心裡大驚。沒錯，沒做這個步驟，喪禮不算完成。

不久，早上遇到的家屬緩緩向師父走來，說了一句：「哎呀，你終於忙完了呀？會不會太累？太累的話，我們約改天。」

師父說：「不累不累，我剛忙完了就趕過來。這個步驟一定要做的，埋單那麼重要，我一定要親自來呀！不好意思呀，我老人家習慣收現金。來來來，我們去便利商店慢慢算。」

沒錯。還沒「結帳」，喪禮怎麼算是結束呢？

【不說再見】真金不怕火煉

這本書主要是寫火葬場的小故事。

或許有人會問：「大師兄，你去火葬場不到一年，就寫一本書？」

其實我覺得一份工作最好玩的地方，或是說對一份工作最有熱情的時候，就是剛接觸時。什麼都不懂、什麼都想問，在吸收這些知識時，最會產生一些故事，這也是我很想記錄的。

希望大家在看這本書的時候，還是可以在書裡面，看到三年前剛出第一本書那個熟悉的我。要是您看完這本書，蓋上的感覺是：哇，還是那個肥宅寫的，他都沒有變呀。我會很開心的。

我還是我，那個愛分享故事的大師兄。

我是大師兄，我們下次見。

國家圖書館預行編目資料

火來了，快跑／大師兄著. --初版. --臺北市：寶瓶文化事業股份有限公司, 2021.5, 面；公分. --(Vision；211)
ISBN 978-986-406-241-6(平裝)
1.殯葬業

489.66　　110007171

Vision 211

火來了，快跑

作者／大師兄

發行人／張寶琴
社長兼總編輯／朱亞君
副總編輯／張純玲
主編／丁慧瑋　編輯／林婕伃・李祉萱
美術主編／林慧雯
校對／丁慧瑋・陳佩伶・劉素芬・大師兄
營銷部主任／林歆婕　業務專員／林裕翔　企劃專員／顏靖玟
財務／莊玉萍
出版者／寶瓶文化事業股份有限公司
地址／台北市110信義區基隆路一段180號8樓
電話／(02)27494988　傳真／(02)27495072
郵政劃撥／19446403　寶瓶文化事業股份有限公司
印刷廠／世和印製企業有限公司
總經銷／大和書報圖書股份有限公司　電話／(02)89902588
地址／新北市新莊區五工五路2號　傳真／(02)22997900
E-mail／aquarius@udngroup.com

法律顧問／理律法律事務所陳長文律師、蔣大中律師
如有破損或裝訂錯誤，請寄回本公司更換
著作完成日期／二〇二一年四月
初版一刷日期／二〇二一年七月二十七日
初版四十二刷日期／二〇二四年七月十九日

ISBN／978-986-406-241-6
定價／三三〇元

愛書人卡

感謝您熱心的為我們填寫，
對您的意見，我們會認真的加以參考，
希望寶瓶文化推出的每一本書，都能得到您的肯定與永遠的支持。

系列：Vision 211　**書名：火來了，快跑**

1.姓名：＿＿＿＿＿＿＿＿　性別：□男　□女

2.生日：＿＿＿年＿＿＿月＿＿＿日

3.教育程度：□大學以上　□大學　□專科　□高中、高職　□高中職以下

4.職業：＿＿＿＿＿＿＿＿

5.聯絡地址：＿＿＿＿＿＿＿＿＿＿＿＿＿＿＿＿＿＿＿＿

聯絡電話：＿＿＿＿＿＿＿＿　手機：＿＿＿＿＿＿＿＿

6.E-mail信箱：＿＿＿＿＿＿＿＿＿＿＿＿＿＿

□同意　□不同意　免費獲得寶瓶文化叢書訊息

7.購買日期：＿＿年＿＿月＿＿日

8.您得知本書的管道：□報紙／雜誌　□電視／電台　□親友介紹　□逛書店　□網路　□傳單／海報　□廣告　□其他

9.您在哪裡買到本書：□書店，店名＿＿＿＿＿＿　□劃撥　□現場活動　□贈書

□網路購書，網站名稱：＿＿＿＿＿＿＿　□其他＿＿＿＿＿＿

10.對本書的建議：（請填代號　1.滿意　2.尚可　3.再改進，請提供意見）

內容：＿＿＿＿＿＿＿＿＿＿＿＿

封面：＿＿＿＿＿＿＿＿＿＿＿＿

編排：＿＿＿＿＿＿＿＿＿＿＿＿

其他：＿＿＿＿＿＿＿＿＿＿＿＿

綜合意見：＿＿＿＿＿＿＿＿＿＿＿＿＿＿＿＿＿＿＿＿＿＿＿＿

11.希望我們未來出版哪一類的書籍：＿＿＿＿＿＿＿＿＿＿＿＿＿＿＿＿

讓文字與書寫的聲音大鳴大放

寶瓶文化事業股份有限公司

（請沿此虛線剪下）

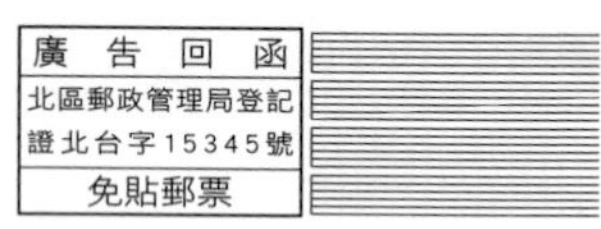

寶瓶文化事業股份有限公司 收

110台北市信義區基隆路一段180號8樓

8F,180 KEELUNG RD.,SEC.1,

TAIPEI.(110)TAIWAN R.O.C.

（請沿虛線對折後寄回，或傳真至02-27495072。謝謝）